空间透视的诀窍

建筑·室内·街景画法零基础教程

U0201794

新版！全彩色图解

（日）中山繁信 著　　孙逸达 吴鑫伊 译

化学工业出版社
·北 京·

内容简介

本书从透视图的基础知识开始,详细讲解了建筑、室内以及街景的一点透视、二点透视画法等,对于植物、人物等配景以及阴影的画法也专门做了阐述。在系统学习透视图表现技法的同时,作为知名的建筑画画家,作者特别总结了多年来自身的手绘技巧,在书中介绍能方便、快速画出透视图的技巧,并告诉你如何为每个画面找到最适合的表现角度,表达出独具个性的空间透视图。本书既适合零基础的读者作为入门学习的资料,也适合想要提高手绘技法的高年级学生及设计师们。

与其他建筑手绘教程不同的是,本书还特别介绍了建筑室内外的基础构件、标准尺寸等知识。因此,本书无论对于建筑设计师、室内设计师,还是动画从业者、游戏从业者、插画师、漫画家来说,都是一本不可多得的透视画法参考书!

ICHIBAN YASASHII PERS TO HAIKEIGA NO EGAKIKATA
© SHIGENOBU NAKAYAMA 2020
Originally published in Japan in 2020 by X-Knowledge Co., Ltd.
Chinese (in simplified character only) translation rights arranged with X-Knowledge Co., Ltd. TOKYO, through g-Agency Co., Ltd, TOKYO.

北京市版权局著作权合同登记号:01-2021-3838

图书在版编目(CIP)数据

空间透视的诀窍:建筑·室内·街景画法零基础教程/(日)中山繁信著;孙逸达,吴鑫伊译.—北京:化学工业出版社,2023.4
ISBN 978-7-122-42875-2

Ⅰ.①空… Ⅱ.①中… ②孙… ③吴… Ⅲ.①建筑制图-透视投影-教材 Ⅳ.①TU204

中国国家版本馆CIP数据核字(2023)第020899号

责任编辑:孙梅戈　　　　　文字编辑:蒋丽婷
责任校对:王　静　　　　　装帧设计:北京卡古鸟艺术设计有限责任公司

出版发行:化学工业出版社(北京市东城区青年湖南街13号　邮政编码100011)
印刷装订:北京军迪印刷有限责任公司
787mm×1092mm　1/16　印张12　字数300千字　2023年6月北京第1版第1次印刷

购书咨询:010 64518888　售后服务:010-64518899
网　　　址:http://www.cip.com.cn
凡购买本书,如有缺损质量问题,本社销售中心负责调换。

定　价:89.00元　　　　　　　　　　版权所有　违者必究

前言

至今为止笔者写过很多本关于透视法的书，但这本书和之前的书有所不同。因为这本书不只包含透视法的绘画技巧讲解，还有关于建筑基本知识的介绍。所以这本书不只面向建筑学方向的学习者，对于游戏、动漫方向的学习者来说也有一定的参考价值。了解建筑基本知识，是绘制漂亮的动漫建筑的必备要素。

　　本书在详细介绍建筑构件时，都标注了部位名称及标准尺寸。街边容易忽视的信号灯、邮筒等物件也一并收纳进来，标注出了尺寸。因此在绘制建筑及街景时，如果有什么疑惑，可以查阅此书，将其当作一本资料集来使用。

　　第5章中，对于树木、人物等配景的画法有很详细的介绍，漂亮的配景可以让建筑及街道显得更有魅力。复杂的阴影画法也有分步骤的详细介绍，只要掌握了技巧，我们会发现阴影并不难绘制，合理的阴影可以让建筑及街道透视图变得更立体，更真实。希望本书可以帮助到建筑学方向的学习者，以及动漫、游戏方向的学习者。衷心地祝愿各位读者可以如愿以偿，成为一名建筑师、漫画师或动漫制作者！

2020年秋　中山繁信

CONTENTS
目录

第**3**章
建筑透视图

第4章
室内透视图

设计：细山田设计事务所（米仓英弘＋室田润）

制作：TK创作（竹下隆雄）

第 **1** 章

建筑基础知识

1.1
日本建筑
基础知识

对于建筑学专业想要画好透视图的各位读者，及游戏、动漫专业想要画好建筑背景的读者来说，了解建筑物的基础知识是不可或缺的一步。

因此，第一节我们将详细介绍木结构建筑的基础知识。木材因其便宜、易加工，且视觉上温馨舒适的特点，自古以来在日本建材市场都大受欢迎。因此在日本建筑中木结构建筑占有很大比重，可以说学习木结构建筑的基础知识是学习建筑透视画法的第一步。

建筑的内与外

木结构建筑是以木材作建筑骨架，以其他装饰材料围合墙壁和屋顶的一种建筑的组成形式。日本的木结构建筑一般由下图所示的几部分构成。

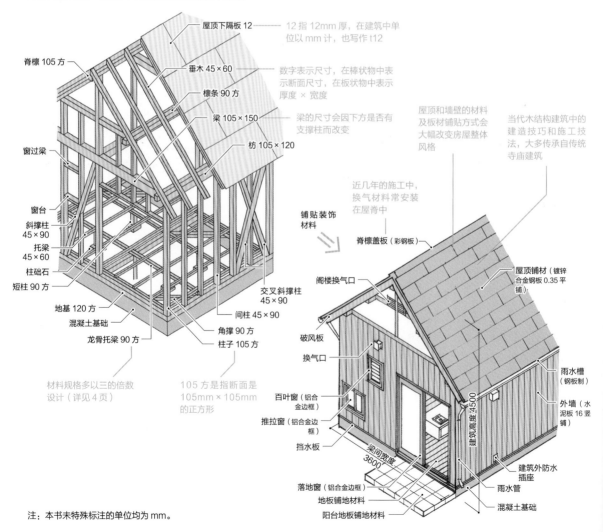

注：本书未特殊标注的单位均为 mm。

和风建筑的构件名称

传统的日本木结构建筑每个部位都有自己的名称。记住各部件名称是画好建筑透视图的第一步。下图是过去日本常见的宿场町和温泉附近的旅馆建筑。

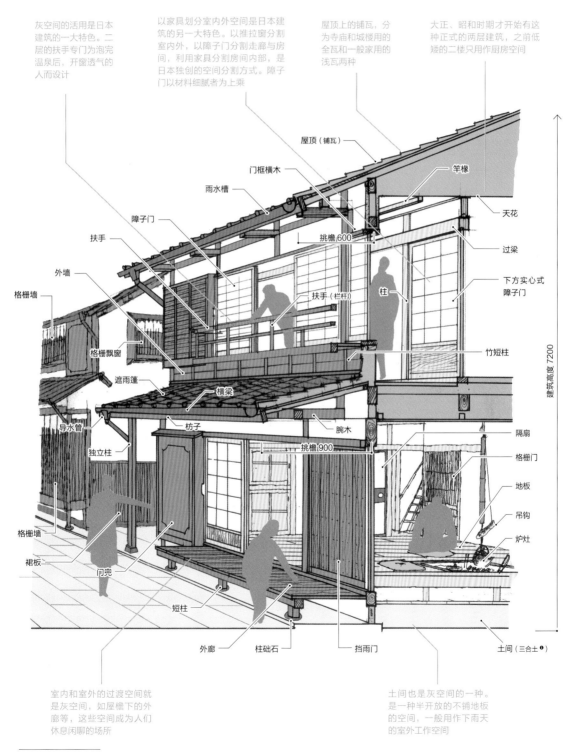

灰空间的活用是日本建筑的一大特色。二层的扶手专门为泡完温泉后，开窗透气的人而设计

以家具划分室内外空间是日本建筑的另一大特色。以推拉窗分割室内外，以障子门分割走廊与房间，利用家具分割房间内部，是日本独创的空间分割方式。障子门以材料细腻者为上乘

屋顶上的铺瓦，分为寺庙和城楼用的全瓦和一般家用的浅瓦两种

大正、昭和时期才开始有这种正式的两层建筑，之前低矮的二楼只用作厨房空间

屋顶（铺瓦）
门框横木
雨水槽
障子门
扶手
外墙
格栅墙
格栅飘窗
遮雨篷
导水管
独立柱
格栅墙
裙板
闩兜
短柱
外廊
柱础石

竿椽
天花
过梁
下方实心式障子门
挑檐600
扶手（栏杆）
柱
竹短柱
横梁
枋子
腕木
挑檐900
隔扇
格栅门
地板
吊钩
炉灶
挡雨门
土间（三合土❶）

建筑高度7200

室内和室外的过渡空间就是灰空间，如屋檐下的外廊等，这些空间成为人们休息闲聊的场所

土间也是灰空间的一种。是一种半开放的不铺地板的空间，一般用作下雨天的室外工作空间

第1章 建筑基础知识

第2章 透视图的基础知识

第3章 建筑透视图

第4章 室内透视图

第5章 风景、街景的画法

第6章 明影的画法

---

❶ 三合土是指三种材料（赤土或砂、石灰、盐卤）混合凝固的简易水泥。

1.2
基本模数：
900mm

即使在米制单位普及的现在，建筑建造也以"尺"为长度的基本模数。建筑市场上流通的建材也以一尺（日文原版书中一尺等于303mm）为基准。为了便于计算，本书将一尺定义为300mm。而各位读者需要另外记住3尺的长度，也就是900mm。在绘制建筑时心中只要有3尺的概念，就能把握好日本建筑的各部位比例关系。

下图中的木建筑是以 900mm 为一个基本模数单位绘制的，每个方格代表长 900mm、宽 900mm 的空间，更小的格代表将其均分成两份、四份的空间。↗

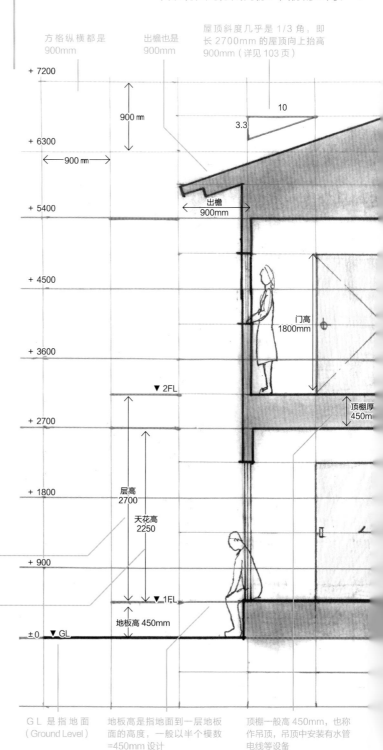

方格纵横都是 900mm

出檐也是 900mm

屋顶斜度几乎是 1/3 角，即长 2700mm 的屋顶向上抬高 900mm（详见 103 页）

+ 7200
+ 6300
+ 5400
+ 4500
+ 3600
+ 2700
+ 1800
+ 900
± 0

900 mm
900 mm

10
3.3

出檐 900mm

门高 1800mm

顶棚厚 450m

▼ 2FL

层高 2700
天花高 2250

▼ 1FL
地板高 450mm

▼ GL

一层楼的层高是三个基本模数 =2700mm。FL 指的是楼板平面（Floor Level）。

天花高度是 2.5 个基本模数 =2250mm，现代住宅可能更高些（大约 2400mm）。记住这些数字以便把握建筑透视图中各个部分的比例

GL 是指地面（Ground Level）

地板高是指地面到一层地板面的高度，一般以半个模数 =450mm 设计

顶棚一般高 450mm，也称作吊顶，吊顶中安装有水管电线等设备

注：更加准确的建筑剖面图见本书 32 页，本页图只为了说明基本模数制。

如下图可见楼梯的长度、屋檐的高度，窗户的高度、门窗的位置都可以完美嵌入 900mm 的基本模数方格中。

┌─ POINT ──────────────

让我们用人的身体来感受一下这个基本模数制。双手自然下垂微微张开时两手之间的距离大概为 900mm，1800mm 是比一般日本人的身高稍高一点的高度。日本榻榻米的短边也是 900mm

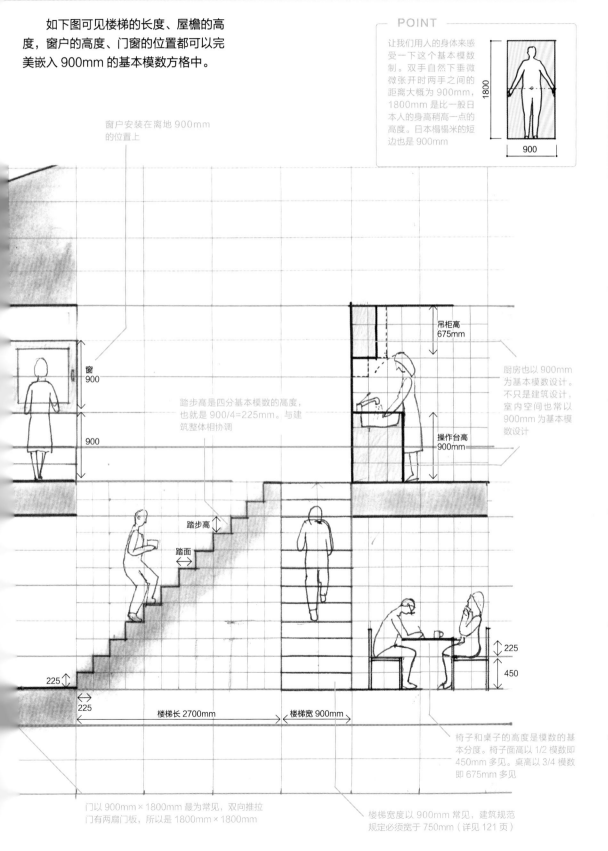

窗户安装在离地 900mm 的位置上

窗
900

900

踏步高是四分基本模数的高度，也就是 900/4=225mm。与建筑整体相协调

踏步高

踏面

225

225

楼梯长 2700mm

楼梯宽 900mm

吊柜高 675mm

操作台高 900mm

厨房也以 900mm 为基本模数设计。不只是建筑设计，室内空间也常以 900mm 为基本模数设计

225

450

椅子和桌子的高度是模数的基本分度。椅子面高以 1/2 模数即 450mm 多见。桌高以 3/4 模数即 675mm 多见

门以 900mm×1800mm 最为常见，双向推拉门有两扇门板，所以是 1800mm×1800mm

楼梯宽度以 900mm 常见，建筑规范规定必须宽于 750mm（详见 121 页）

第 1 章 建筑基础知识

第 2 章 透视图的基础知识

第 3 章 建筑透视图

第 4 章 室内透视图

第 5 章 风景、街景的画法

第 6 章 阴影的画法

1.3

榻榻米与
基本模数制

榻 榻榻米是根据人体尺度设计的,因此可以借用榻榻米的尺寸记住基本模数制。基本模数制的掌握是画好建筑透视图至关重要的一步。

利用榻榻米把握空间大小

如"六张榻榻米大小"之类,日本生活中常用榻榻米来表示空间的大小。当然也有"坪"这个单位,一坪代表两张长边相接的榻榻米(约合 $3.3m^2$)。

榻榻米的大小

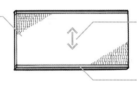

榻榻米的大小是 900mm×1800mm
榻榻米编织的方向
榻榻米边缘的缝合布只存在于长边一侧

空间的大小、用途及空间感受

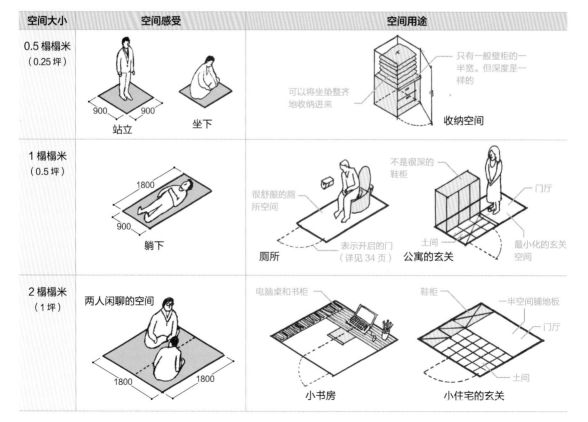

空间大小	空间感受	空间用途
0.5 榻榻米 (0.25坪)	900 900 站立　坐下	可以将坐垫整齐地收纳进来　只有一般壁柜的一半宽。但深度是一样的　收纳空间
1 榻榻米 (0.5坪)	1800 900 躺下	很舒服的厕所空间　不是很深的鞋柜　门厅　土间　厕所　表示开启的门(详见34页)　公寓的玄关　最小化的玄关空间
2 榻榻米 (1坪)	两人闲聊的空间 1800 1800	电脑桌和书柜　鞋柜　一半空间铺地板　门厅　土间　小书房　小住宅的玄关

注:榻榻米最开始只是铺在地板上的坐具,随着时代的变迁,整个房间都铺上了榻榻米。

空间大小	空间感受	空间用途
2 榻榻米 （1 坪）	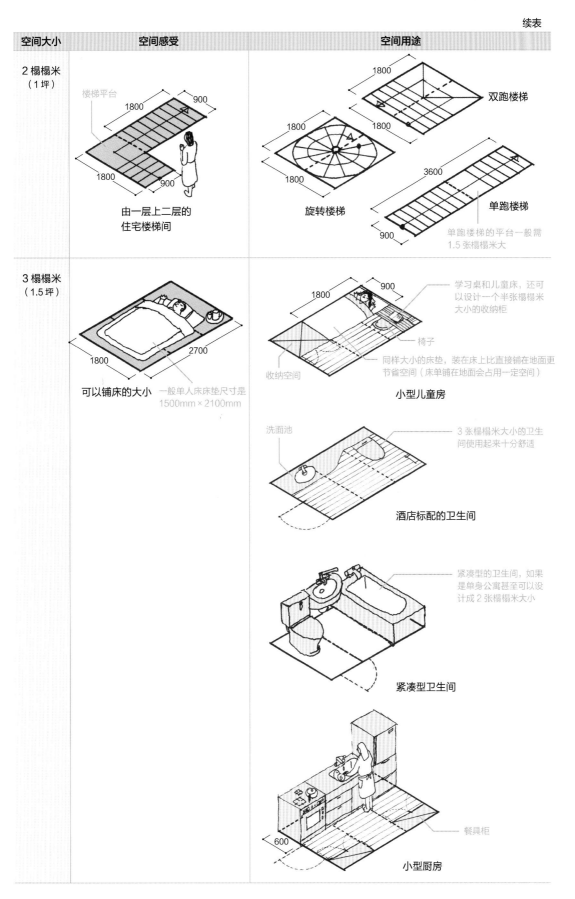	

楼梯平台

1800

900

1800

900

由一层上二层的
住宅楼梯间

1800

1800

双跑楼梯

1800

1800

旋转楼梯

3600

单跑楼梯

900

单跑楼梯的平台一般需
1.5 张榻榻米大

3 榻榻米
（1.5 坪）

1800

2700

可以铺床的大小

一般单人床床垫尺寸是
1500mm × 2100mm

1800

900

学习桌和儿童床，还可
以设计一个半张榻榻米
大小的收纳柜

椅子

收纳空间

同样大小的床垫，装在床上比直接铺在地面更
节省空间（床单铺在地面会占用一定空间）

小型儿童房

洗面池

3 张榻榻米大小的卫生
间使用起来十分舒适

酒店标配的卫生间

紧凑型的卫生间，如果
是单身公寓甚至可以设
计成 2 张榻榻米大小

紧凑型卫生间

600

餐具柜

小型厨房

第 1 章 建筑基础知识

第 2 章 透视图的基础知识

第 3 章 建筑透视图

第 4 章 室内透视图

第 5 章 风景、街景的画法

第 6 章 阴影的画法

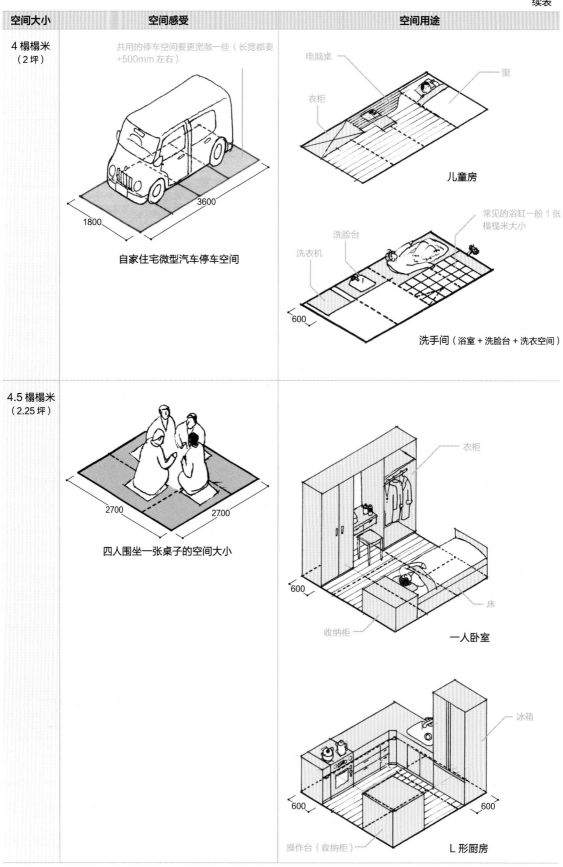

空间大小	空间感受	空间用途
4 榻榻米（2坪）	共用的停车空间要更宽敞一些（长宽都要+500mm左右） 3600 1800 自家住宅微型汽车停车空间	电脑桌　窗　衣柜 儿童房 常见的浴缸一般1张榻榻米大小 洗脸台　洗衣机 600 洗手间（浴室 + 洗脸台 + 洗衣空间）
4.5 榻榻米（2.25坪）	2700　2700 四人围坐一张桌子的空间大小	衣柜 600　床 收纳柜　一人卧室 冰箱 600　600 操作台（收纳柜）　L 形厨房

空间大小	空间感受	空间用途

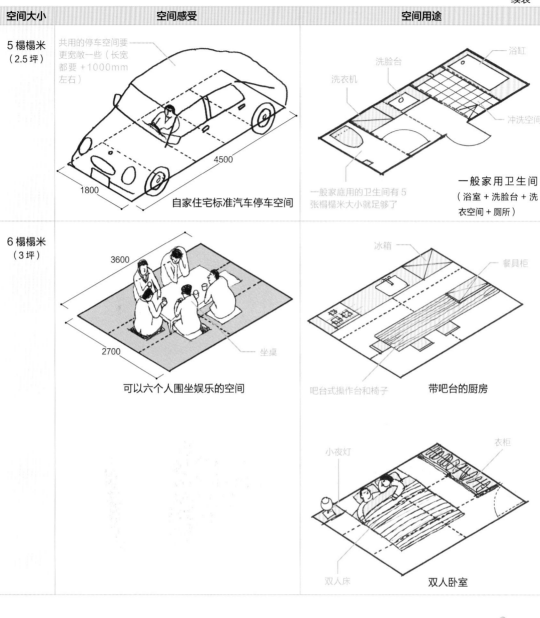

5 榻榻米
（2.5 坪）

共用的停车空间要更宽敞一些（长宽都要 +1000mm 左右）

4500
1800

自家住宅标准汽车停车空间

洗衣机　洗脸台　浴缸

冲洗空间

一般家庭用的卫生间有 5 张榻榻米大小就足够了

一般家用卫生间
（浴室 + 洗脸台 + 洗衣空间 + 厕所）

6 榻榻米
（3 坪）

3600
2700
坐桌

可以六个人围坐娱乐的空间

冰箱
餐具柜

吧台式操作台和椅子

带吧台的厨房

小夜灯
衣柜

双人床

双人卧室

第 1 章　建筑基础知识

第 2 章　透视图的基础知识

第 3 章　建筑透视图

第 4 章　室内透视图

第 5 章　风景、街景的画法

第 6 章　阴影的画法

COLUMN

身体的尺度

自古以来人们常用自己身体的一部分表示物体的长度。"一拃长"表示成年人张开的手掌中，大拇指到中指的距离。各位读者平时也可以多用自己身体的长度来测量物体或空间的尺寸，可以更直观地把握空间物件的尺度。

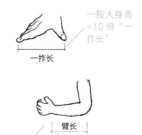

一般人身高 =10 倍 "一拃长"

一拃长

臂长

建筑中的家具和门窗等多参考人的臂长设计

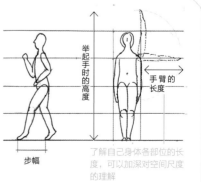

举起手时的高度

手臂的长度

步幅

了解自己身体各部位的长度，可以加深对空间尺度的理解

1.4

现代房间的
基本知识

现代房间包括卧室、客厅等，与和室风格大相径庭。其基本组成构件种类较少，只需要掌握基本家具及空间元素的画法，在绘制透视图时选取并组合，就可以绘制出漂亮的现代房间透视图。

现代房间中的基本模数

下面我们将以客厅为例介绍现代房间中的基本模数。

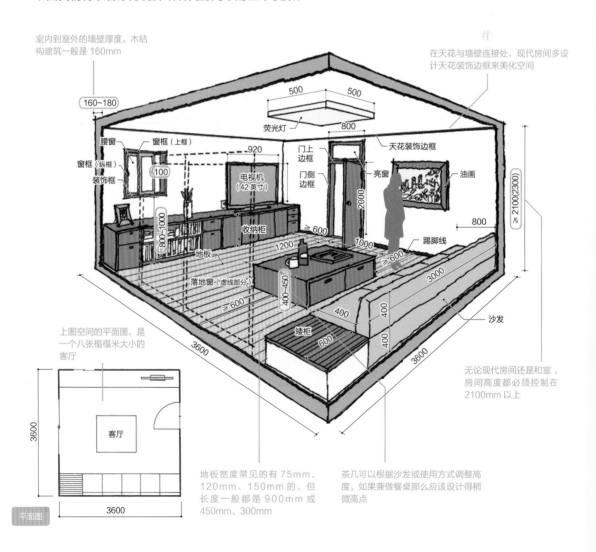

室内到室外的墙壁厚度，木结构建筑一般是160mm

在天花与墙壁连接处，现代房间多设计天花装饰边框来美化空间

160~180

500　500
荧光灯

腰窗
窗框（上框）
窗框（纵框）
装饰框
100
920
800
门上边框
门侧边框
天花装饰边框
亮窗
油画

电视机
（42英寸）

≥2100(2300)

收纳柜
地板
落地窗·（虚线部分）
800~1000
≥600

2000
踢脚线
800
≥600
1000
≥600

1200
400~450

3000
400
400
400

矮柜
600

400
沙发

3600
3600

上图空间的平面图，是一个八张榻榻米大小的客厅

无论现代房间还是和室，房间高度都必须控制在2100mm以上

客厅

3600

3600

平面图

地板宽度常见的有75mm、120mm、150mm的，但长度一般都是900mm或450mm、300mm

茶几可以根据沙发或使用方式调整高度，如果兼做餐桌那么应该设计得稍微高点

利用榻榻米了解客厅空间

　　房间大小由使用功能、人数及家具大小决定。设计客厅时可以设计得稍微大一些，因为要考虑到客人来访时的使用需求。

六张榻榻米

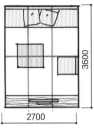

2700

八张榻榻米

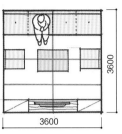

3600

十张榻榻米

4500

四人家庭使用八张榻榻米大小的客厅就足够了，十张榻榻米大的客厅会显得过于宽敞

图例
桌子
沙发
电视

现代房间的装饰细节

　　让我们来仔细了解一下现代房间的装饰细节吧，比起和室，现代房间在水平面和垂直面的连接处都设有十分精致的装饰。

天花板 – 墙壁

连接装饰条

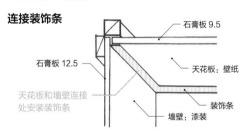

石膏板 9.5
天花板：壁纸
石膏板 12.5
装饰条
天花板和墙壁连接处安装装饰条
墙壁：漆装

分离式做法

石膏板 9.5
隐藏式装饰条
天花板、墙壁：壁纸
天花板和墙壁留出缝隙的分离式做法

对接式做法

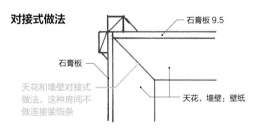

石膏板 9.5
石膏板
天花和墙壁对接式做法，这种房间不做连接装饰条
天花、墙壁：壁纸

POINT

右图是天花构造详图。可以看见天花内受力结构的详细构造。

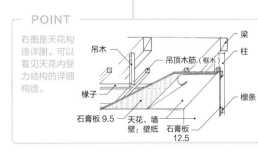

梁
柱
吊木
吊顶木筋（框木）
椽子
檩条
石膏板 9.5
天花、墙壁：壁纸
石膏板 12.5

墙壁 – 地板

结构踢脚线
踢脚线突出墙面 5mm 左右，过渡并连接墙壁和地板

墙壁：石膏板，壁纸
踢脚线
60
地板

内嵌踢脚线
墙壁突出踢脚线 12mm 的内嵌式做法

墙壁：石膏板，壁纸
踢脚线
地板

粘贴踢脚线
将薄踢脚线直接粘贴在墙壁上的做法

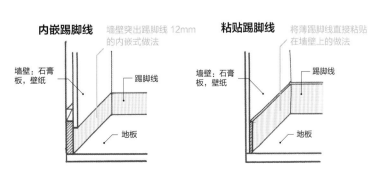

墙壁：石膏板，壁纸
踢脚线
地板

第1章 建筑基础知识

第2章 透视图的基础知识

第3章 建筑透视图

第4章 室内透视图

第5章 风景、街景的画法

第6章 明影的画法

11

为了使空间显得高雅大气，现代空间中一般都会配置具有设计感的椅子，下面我们介绍几款常见的椅子。

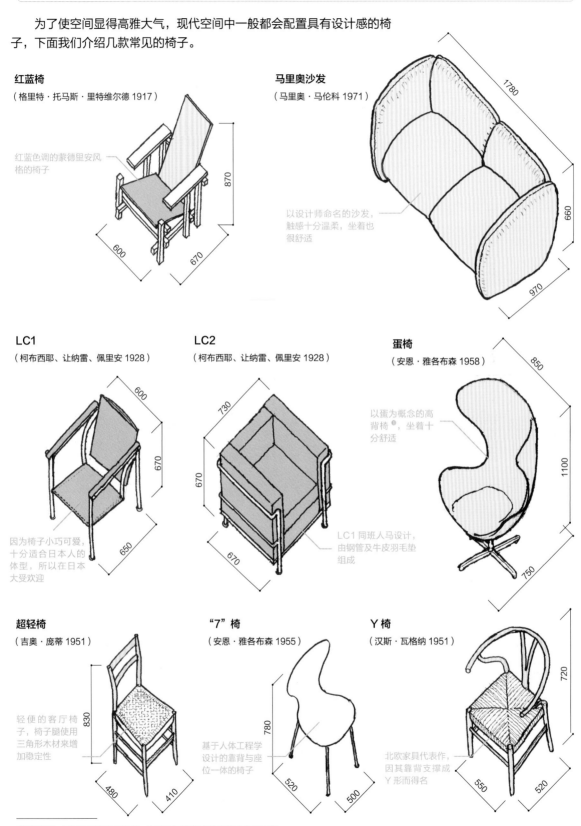

红蓝椅

（格里特·托马斯·里特维尔德 1917）

红蓝色调的蒙德里安风格的椅子

870
600
670

马里奥沙发

（马里奥·马伦科 1971）

以设计师命名的沙发，触感十分温柔，坐着也很舒适

1780
660
970

LC1

（柯布西耶、让纳雷、佩里安 1928）

因为椅子小巧可爱，十分适合日本人的体型，所以在日本大受欢迎

600
670
650

LC2

（柯布西耶、让纳雷、佩里安 1928）

LC1 同班人马设计，由钢管及牛皮羽毛垫组成

730
670
670

蛋椅

（安恩·雅各布森 1958）

以蛋为概念的高背椅❶，坐着十分舒适

850
1100
750

超轻椅

（吉奥·庞蒂 1951）

轻便的客厅椅子，椅子腿使用三角形木材来增加稳定性

830
480
410

"7"椅

（安恩·雅各布森 1955）

基于人体工程学设计的靠背与座位一体的椅子

780
520
500

Y椅

（汉斯·瓦格纳 1951）

北欧家具代表作，因其靠背支撑成Y形而得名

720
550
520

❶ 高背椅：是指靠背很高的椅子，高靠背可以包裹住坐着的人的后背。

建筑基础知识

1.5
和室的基础知识

明 治维新之后，西式的室内装修风格传入日本，为了加以区分，日本本国的榻榻米式房间开始被称作"和室"。和室设计中，除了整体设计，各细节做法、材料的选用、施工方式等也有讲究。虽然如今已放宽要求，但如果不了解各部分的做法，画出来的和室会很奇怪，所以本节将以传统和室为参考，详细介绍和室的设计手法及其组成要素。

各式各样的和室

一般来说，和室是指"传统日式"风格的书房和茶室。前者是武士和僧侣读书写作的房间，后者则是喝茶会客用的房间。无论哪一种，榻榻米都是必备的构成要素。

传统的和室风书房

下图是比较传统的和室风格的书房。房间一侧设有壁龛，是这一类房间的特征。

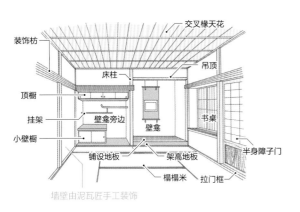

墙壁由泥瓦匠手工装饰

传统的和室风茶室

日本茶室以合理利用自然资源，强调室内空间协调自然而闻名。

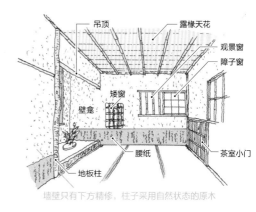

墙壁只有下方精修，柱子采用自然状态的原木

现代和室

右图是现代建筑中常见的和室，虽然很像传统和室风格书房，但实际要简单许多。

小型和室有时候会省略装饰枋的做法

虽然在墙壁上突出的柱子是和室的特征，但现代住宅和室中有时会省去柱子

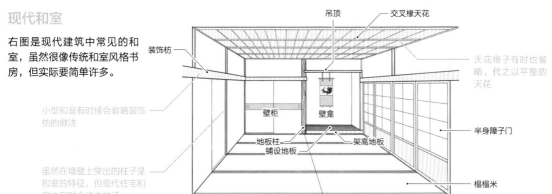

13

和室的模数和尺寸

这一部分我们来了解一下和室书房的基本模数和尺寸。

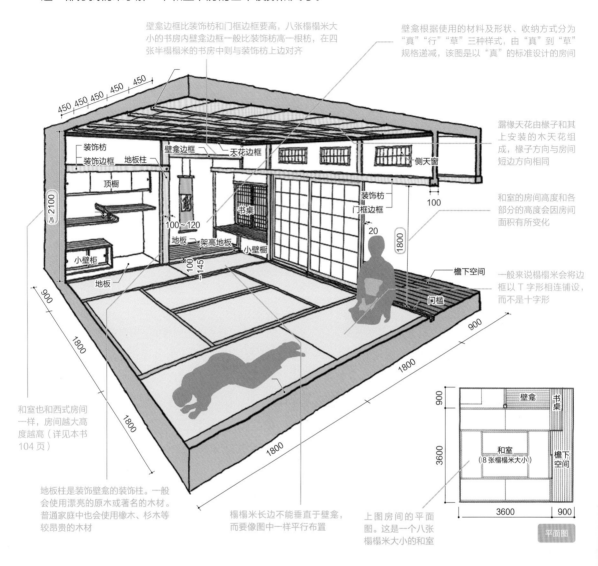

壁龛边框比装饰枋和门框边框要高，八张榻榻米大小的书房内壁龛边框一般比装饰枋高一根枋，在四张半榻榻米的书房中则与装饰枋上边对齐

壁龛根据使用的材料及形状、收纳方式分为"真""行""草"三种样式，由"真"到"草"规格递减，该图是以"真"的标准设计的房间

露椽天花由椽子和其上安装的木天花组成，椽子方向与房间短边方向相同

和室的房间高度和各部分的高度会因房间面积有所变化

一般来说榻榻米会将边框以 T 字形相连铺设，而不是十字形

和室也和西式房间一样，房间越大高度越高（详见本书104页）

装饰枋　装饰边框　地板柱　壁龛边框　天花边框　侧天窗　装饰枋　门框边框　檐下空间　门槛

顶橱　书桌　架高地板　小壁橱　小壁柜　地板

≥2100　100~120　100　145　20　1800　100

450 450 450 450 450　900　1800　1800　1800　1800　900　900

地板柱是装饰壁龛的装饰柱。一般会使用漂亮的原木或著名的木材。普通家庭中也会使用橡木、杉木等较昂贵的木材

榻榻米长边不能垂直于壁龛，而要像图中一样平行布置

上图房间的平面图。这是一个八张榻榻米大小的和室

壁龛　书桌　檐下空间　和室（8张榻榻米大小）　900　3600　3600　900

平面图

和室大小及榻榻米的铺设方法

日本的房间可以根据榻榻米的铺设方法不同而变换空间气氛，十分有趣。榻榻米的铺设方式有一定的原则，如果不遵循这些原则，房间就会显得不自然，应该加以避免。

欢庆的铺设方式

日常的铺设方式，过节祈福的时候也是这种拼法。

遭遇不幸时的铺设方式

遭遇不幸时的铺设方式，寺庙和丧事处常见的铺设方式。

三张　四张半　六张　三张　四张半　六张

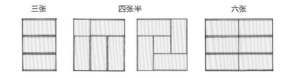

和室的装饰细节

和室内一定要建造"真壁"，所谓的"真壁"就是在墙壁上突出装饰柱或装饰枋的做法，露椽天花的做法也是其中一种。

天花－墙壁－地板

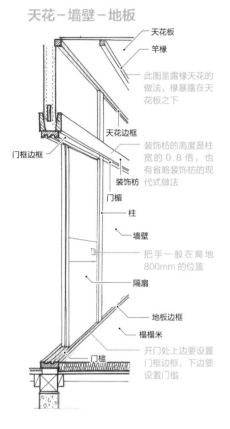

- 天花板
- 竿椽
- 此图是露椽天花的做法，椽暴露在天花板之下
- 天花边框
- 门框边框
- 装饰枋的高度是柱宽的 0.8 倍，也有省略装饰枋的现代式做法
- 装饰枋
- 门楣
- 柱
- 墙壁
- 把手一般在离地 800mm 的位置
- 隔扇
- 地板边框
- 榻榻米
- 门槛
- 开门处上边要设置门框边框，下边要设置门槛

墙壁－天花

露椽天花

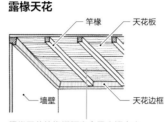

- 竿椽
- 天花板
- 墙壁
- 天花边框

露椽天花的椽间距离会因房间大小而改变，一般来说 6 张榻榻米以下的房间在 300mm，8~10 张的为 450mm

格天花

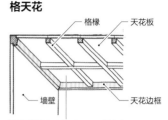

- 格椽
- 天花板
- 墙壁
- 天花边框

格天花是在 60~75mm 的细长木条（格椽）编织的方格中安装方形天花板的做法

墙壁－地板

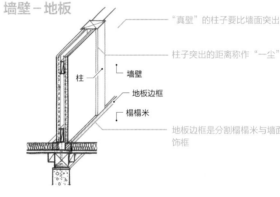

- "真壁"的柱子要比墙面突出一些
- 柱子突出的距离称作"一尘"
- 墙壁
- 柱
- 地板边框
- 榻榻米
- 地板边框是分割榻榻米与墙面的装饰框

第 1 章 建筑基础知识

第 2 章 透视图的基础知识

第 3 章 建筑透视图

第 4 章 室内透视图

第 5 章 风景·街景的画法

第 6 章 明影的画法

和室内家具的尺寸

使用方式的多样性也是和室的一大特征。放一个小餐桌可以是餐厅，放一个茶几就可以是会客厅，铺上床垫还可以作卧室。同一和室的使用方式可以因家具不同而改变。

和室座椅

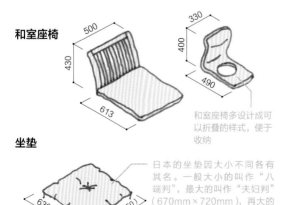

500
430
613
330
400
490

和室座椅多设计成可以折叠的样式，便于收纳

坐垫

630（590）
590（550）

日本的坐垫因大小不同各有其名。一般大小的叫作"八端判"，最大的叫作"夫妇判"（670mm×720mm），再大的坐垫也能塞入壁柜之中

坐桌

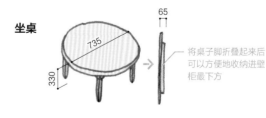

735
330
65

将桌子脚折叠起来后可以方便地收纳进壁柜最下方

被褥

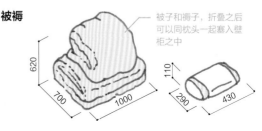

被子和褥子，折叠之后可以同枕头一起塞入壁柜之中

620
700
1000
110
290
430

1.6
玄关的基础知识

被 作为房子门面的玄关，其大小会因房子大小而改变。玄关分为铺设地板的半室内空间和不铺设地板的土间两部分，如今有很多设计师会扩大土间来创造有趣的玄关空间。一进入玄关就可以感受到户主的生活态度，所以对于日本人来说玄关是一个极其重要的空间。

玄关的模数和尺寸

不计入收纳空间，一个两张榻榻米大小的玄关，可以使房子显得很气派。下面我们介绍两张榻榻米大小的玄关的常见做法。

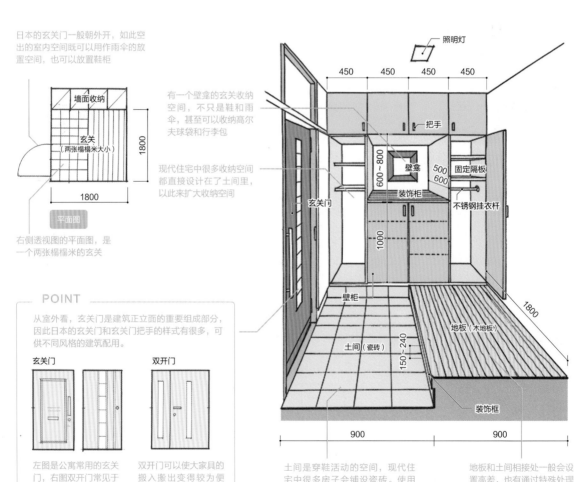

日本的玄关门一般朝外开，如此空出的室内空间既可以用作雨伞的放置空间，也可以放置鞋柜

墙面收纳

玄关
（两张榻榻米大小）

1800

1800

平面图

右侧透视图的平面图，是一个两张榻榻米的玄关

有一个壁龛的玄关收纳空间，不只是鞋和雨伞，甚至可以收纳高尔夫球袋和行李包

现代住宅中很多收纳空间都直接设计在了土间里，以此来扩大收纳空间

照明灯

450 450 450 450

把手

壁龛

600~800

装饰柜

固定隔板

500 600

玄关门

不锈钢挂衣杆

1000

壁柜

1800

地板（木地板）

土间（瓷砖）

150~240

装饰框

900 900

POINT

从室外看，玄关门是建筑正立面的重要组成部分，因此日本的玄关门和玄关门把手的样式有很多，可供不同风格的建筑配用。

玄关门

双开门

左图是公寓常用的玄关门，右图双开门常见于大别墅或一户建（独院住宅）。

双开门可以使大家具的搬入搬出变得较为便利。

土间是穿鞋活动的空间，现代住宅中很多房子会铺设瓷砖。使用200mm或300mm的瓷砖铺设可以使玄关显得很高档

地板和土间相接处一般会设置高差，也有通过特殊处理省去高差的设计方法

地面高差的细节

日本湿气很重，所以入口处设计高差的室内外分割方式较为普及。近年来，在现代住宅中，出现了设计踏步的高差处理方式，公寓中甚至出现不设高差的处理方式。

基本型

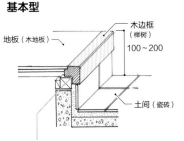

安装在高差 100~200mm 的玄关中的木边框一般都较薄，常见于公寓等集体住宅中

踏步型

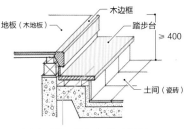

高差在 400~450mm 时，有时会使用踏步型的高差处理方式，常见于一户建中

不设高差型

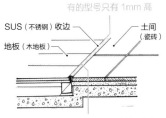

多出现在现代住宅中，因对老年住户和儿童较为友好，所以广受好评

放置在玄关中的物品

以下介绍在绘制玄关时常用的配景。但在实际设计中，应尽量避免将以下物品放置在玄关中，可以设计合理的收纳空间将之收纳。

鞋类

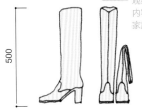

观察一家的鞋柜内容可以看出其家庭构成

行李箱

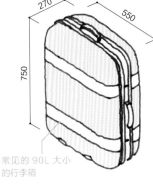

常见的 90L 大小的行李箱

儿童车

可以折叠收纳的儿童车，在老年人住宅中，也会出现轮椅等

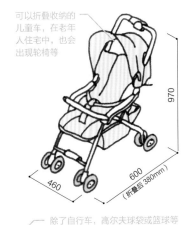

自行车

为了防止被盗，有些家庭会将自行车放到玄关中

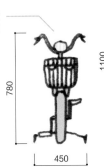

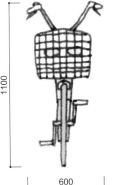

除了自行车，高尔夫球袋或篮球等也会放置在玄关中。很多家庭还会将不经常使用的室外用具放置在玄关中

1600mm，儿童用为 1200mm

第 1 章 建筑基础知识
第 2 章 透视图的基础知识
第 3 章 建筑透视图
第 4 章 室内透视图
第 5 章 风景、街景的画法
第 6 章 阴影的画法

1.7
厨房的基础知识

为了便利地完成处理食材、做饭、收拾等一系列操作，厨房中往往将冰箱、水槽、操作台和炉灶相连设计。在厨房中的操作大多都是站立完成的，所以厨房各部分都应以人的站姿为参考进行设计。

厨房的模数和尺寸

右图是吧台型的厨房。虽然整体有八张榻榻米大小，但实际上吧台占了很大空间，真正的厨房只有五张榻榻米大小。

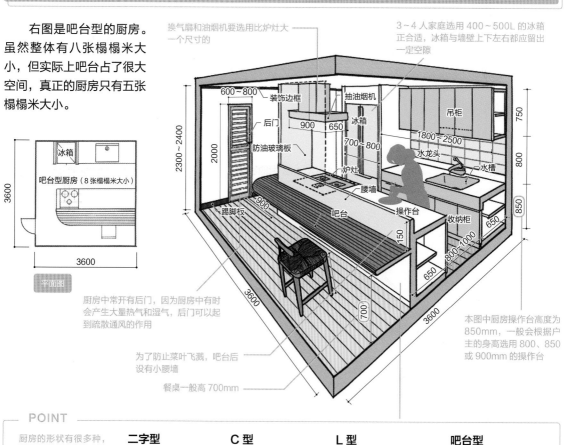

吧台型厨房（8张榻榻米大小）

平面图

换气扇和油烟机要选用比炉灶大一个尺寸的

3~4人家庭选用400~500L的冰箱正合适，冰箱与墙壁上下左右都应留出一定空隙

装饰边框

后门

防油玻璃板

抽油烟机

冰箱

吊柜

水龙头

水槽

炉灶

腰墙

踢脚板

吧台

操作台

收纳柜

厨房中常开有后门，因为厨房中有时会产生大量热气和湿气，后门可以起到疏散通风的作用

为了防止菜叶飞溅，吧台后设有小腰墙

餐桌一般高700mm

本图中厨房操作台高度为850mm，一般会根据户主的身高选用800、850或900mm的操作台

POINT

厨房的形状有很多种，其中空间利用率最高的是19页图示的一字型厨房。设计时应考虑操作的便利性，合理安排冰箱、水槽、操作台的位置。

二字型

双向操作型厨房

C型

适合面积较大的厨房

L型

可以安装较为宽敞的操作台

吧台型

适合大面积的开放型厨房

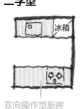

厨房与人体尺寸

一栋房子中最注重效率的地方应该就是厨房了，所以操作台的尺寸、吊柜的高度等一定要考虑居住者的身体尺度。以下以一字型厨房为例详细介绍。

第1章 建筑基础知识

第2章 透视图的基础知识

第3章 建筑透视图

第4章 室内透视图

第5章 风景、街景的画法

第6章 阴影的画法

POINT

2060
1650
1400
660
330

600
350
900
600~650
800

腰的高度和手臂的长度决定了厨房配件安装的位置。所以操作台以日本人均腰高 850mm 较为常见。而收纳柜常安装在身高 +300mm 的高度，便于拿取。

2700mm 宽的厨房

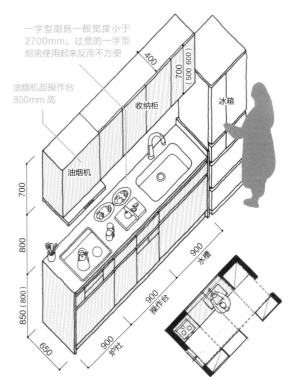

一字型厨房一般宽度小于 2700mm，过宽的一字型厨房使用起来反而不方便

油烟机距操作台 800mm 高

400
700
（500 600）
收纳柜
冰箱

油烟机
700
800
850（800）
650
900 炉灶
900 操作台
900 水槽

2250mm 宽的厨房

可以选用 750mm 的三口炉灶，并适当增加操作台的宽度，厨房设计中一般以 150mm 为基本模数

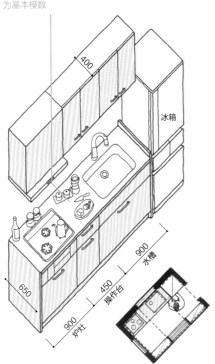

400
冰箱
650
900 炉灶
450 操作台
900 水槽

1800mm 宽的厨房

600mm 宽的操作台使用起来较为舒适，但炉灶只能选用 600mm 的双开型

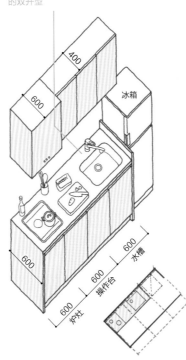

400
600
冰箱
600
600 炉灶
600 操作台
600 水槽

1200mm 宽的厨房

单身公寓常见的小型厨房

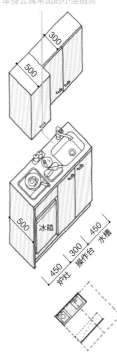

300
500
500
冰箱
450 炉灶
300 操作台
450 水槽

厨房放置的物品

　　餐具、厨具及大多数电器都安置在厨房中。如何设计这些东西的收纳空间，将直接影响厨房的整洁度和使用效率。

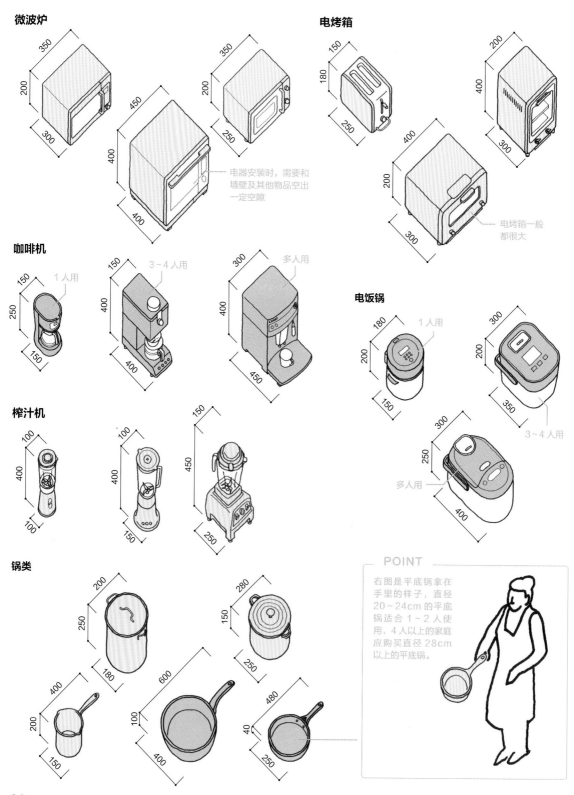

微波炉

350
200
300
350
200
250
450
400
400

电器安装时，需要和墙壁及其他物品空出一定空隙

电烤箱

150
180
250
400
200
300
400
200
300

电烤箱一般都很大

咖啡机

150
250
150
1人用

150
400
400
3~4人用

300
400
450
多人用

电饭锅

180
200
150
1人用

300
200
350
3~4人用

300
250
400
多人用

榨汁机

100
400
100

100
400
150

150
450
250

锅类

200
250
400
200
180
150

280
150
250
600
100
400

480
40
250

POINT

右图是平底锅拿在手里的样子，直径20~24cm的平底锅适合1~2人使用，4人以上的家庭应购买直径28cm以上的平底锅。

1.8
卫生间的基础知识

厕所、浴室、洗漱间应集中布置在给排水管附近（如果预算很充足也可随意布置）。虽然比起其他房间，卫生间一般要小一些，但是卫生间的使用感受会直接影响住户的心情，所以其材料、防水等一定要认真设计。

第1章 建筑基础知识

第2章 透视图的基础知识

第3章 建筑透视图

第4章 室内透视图

第5章 风景、街景的画法

第6章 明影的画法

厕所的模数和尺寸

虽然厕所往往被认为是排泄的场所，但它其实也是一个可以隔离外界干扰的悠闲空间。因此可以安装书柜放一些杂志，或种一些花草植物。

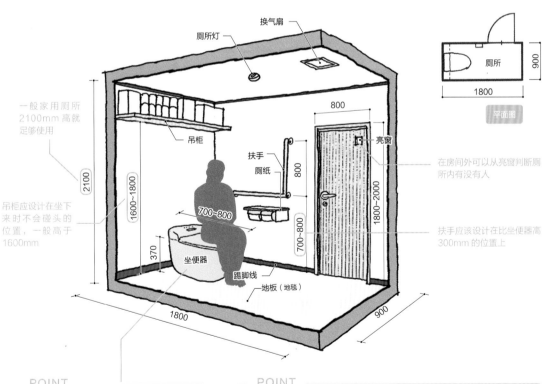

换气扇

厕所灯

一般家用厕所2100mm 高就足够使用

吊柜

吊柜应设计在坐下来时不会碰头的位置，一般高于1600mm

2100

1600~1800

扶手

厕纸

800

700~800

370

坐便器

踢脚线

地板（地毯）

1800

900

800

厕所

1800

900

平面图

亮窗

1800~2000

700~800

在房间外可以从亮窗判断厕所内有没有人

扶手应该设计在比坐便器高300mm 的位置上

POINT

坐便器一般进深700～800mm，宽450mm。安装时左右应空出75mm 以上的距离，前方应至少空出500mm。

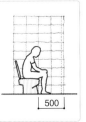

500

POINT

如图，在坐便器旁设置洗手池将提升厕所的使用效率，洗手池的台面也可兼作扶手。

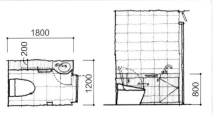

1800

200

1200

800

　　洗漱间一般安装洗衣机等设备，兼作洗衣间。所以在家庭流线中应该设计在靠近晾衣空间的位置，以防动线过长使用不便。

洗漱间模型

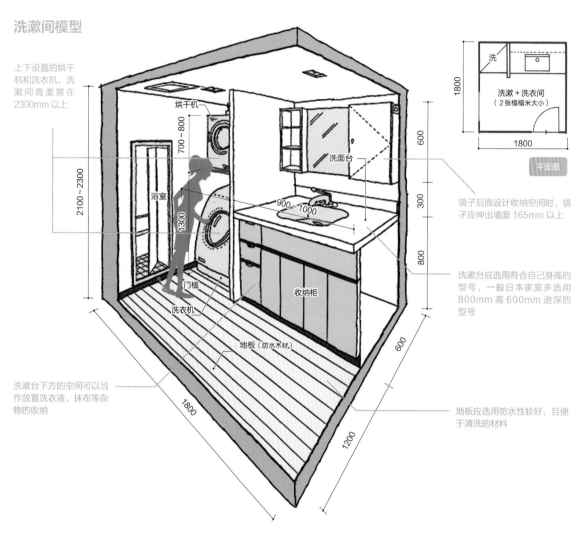

洗漱+洗衣间
（2张榻榻米大小）

平面图

上下设置的烘干机和洗衣机，洗漱间高度需在2300mm以上

烘干机

浴室

门槛

洗衣机

洗面台

地板（防水木材）

收纳柜

洗漱台下方的空间可以当作放置洗衣液、抹布等杂物的收纳

镜子后面设计收纳空间时，镜子应伸出墙面165mm以上

洗漱台应选用符合自己身高的型号，一般日本家庭多选用800mm高600mm进深的型号

地板应选用防水性较好，且便于清洗的材料

洗漱间放置的物品

洗衣机底座

为了防止洗衣机的水流到其他空间，洗衣机下往往会设置洗衣机底座

底座应选用符合洗衣机大小的型号

滚筒式洗衣机

全自动洗衣机（烘干机）

不同型号的全自动洗衣机及烘干机，其容量和外观尺寸也有所不同

浴室的构成要素

除了清洗身体之外，洗浴还有放松身心的作用，因此浴室应以平和的风格装修。最近日本开始流行一体化浴室，设计和功能性都得到了显著提升。如果可以和中庭相结合，甚至可以做出半开放式的浴室。

浴室模型

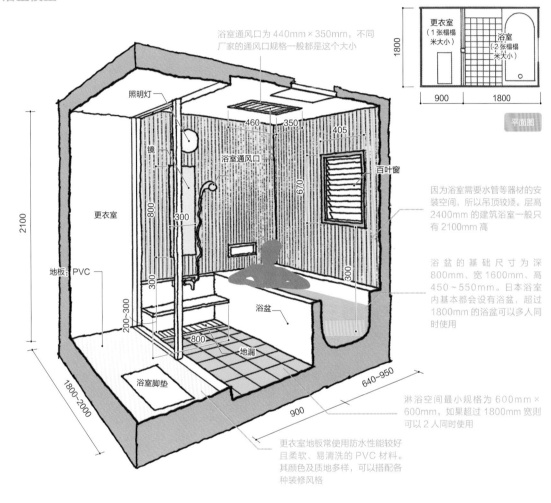

浴室通风口为 440mm×350mm，不同厂家的通风口规格一般都是这个大小

照明灯

镜

浴室通风口

百叶窗

更衣室

2100

地板：PVC

更衣室
（1 张榻榻米大小）

浴室
（-2 张榻榻米大小）

1800

900　1800

平面图

因为浴室需要水管等器材的安装空间，所以吊顶较矮。层高 2400mm 的建筑浴室一般只有 2100mm 高

浴盆的基础尺寸为深 800mm、宽 1600mm、高 450～550mm。日本浴室内基本都会设有浴盆，超过 1800mm 的浴盆可以多人同时使用

浴盆

800

地漏

浴室脚垫

200-300

300

300

800

300

670

405

460　350

900

640~950

1800-2000

淋浴空间最小规格为 600mm×600mm，如果超过 1800mm 宽则可以 2 人同时使用

更衣室地板常使用防水性能较好且柔软、易清洗的 PVC 材料。其颜色及质地多样，可以搭配各种装修风格

各式各样的卫生间布置方式

三联式（约 3 张榻榻米大小）

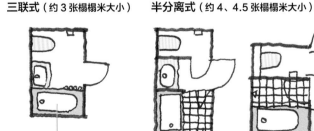

常见于单身公寓的复合式卫生间

半分离式（约 4、4.5 张榻榻米大小）

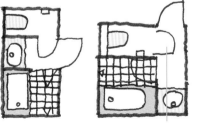

将厕所隔开的卫生间，可以保证气味不流窜

分离式（约 5 张榻榻米大小）

洗

分离式厕所的样式，开门方向不同直接决定是半分离式还是分离式。

可以留出安装洗衣机的空间

第1章　建筑基础知识

第2章　透视图的基础知识

第3章　建筑透视图

第4章　室内透视图

第5章　风景、街景的画法

第6章　阴影的画法

1.9
外部空间的基础知识

设计一栋建筑时，不能只考虑室内怎么布置，而应将室外空间一并考虑进来。建筑外的门、矮墙、小院子，甚至邮箱都是建筑的重要组成部分。这些外部空间的构成要素不只是建筑立面的组成要素，也是街景的组成要素之一。

装饰建筑的外部空间构成要素

外部空间设计直接影响住户的居住心情，在院内种植一株植物就可以让人感到安心、放松。

植物：在庭院或路边种植的植物可以起到装饰建筑的作用

门：建筑的出入口，门是建筑立面的重要构成要素

门廊：门廊是道路与玄关的过渡空间

矮墙：矮墙围合的空间是房主的私有地，除了区分空间之外，矮墙还起到遮挡视线的作用

车库：车库一般占地都很大，所以较为显眼

POINT

为了满足通风和防火、防震等要求，建筑不能占满用地。不同城市的占地率❶在当地法规中有明文规定。

建筑面积（A+B）

基地面积

占地率 = 建筑占地面积 / 基地面积。一般为 30% ~80%。

---

❶ 占地率是建筑物占地面积和基地面积的比例。不同地区的占地率规定不同。虽然说一层住宅和三层住宅有同样的占地率，但也有规定建筑高度的条例。因此设计建筑之前应仔细查阅当地规定。

组成街景的外部空间构成要素

我们会发现高级住宅区、传统住宅区和新住宅区的街景彼此不同。因为街区中每一座建筑的立面设计和外部空间设计共同组成了街景。

门

第1章 建筑基础知识

第2章 透视图的基础知识

第3章 建筑透视图

第4章 室内透视图

第5章 风景、街景的画法

第6章 明影的画法

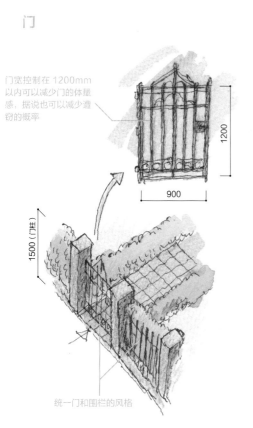

门宽控制在 1200mm 以内可以减少门的体量感，据说也可以减少遭窃的概率

1200

900

1500（门柱）

统一门和围栏的风格

在日本，铝合金门的使用较为广泛，因其使用寿命长、具有高级光泽感而闻名。

矮墙

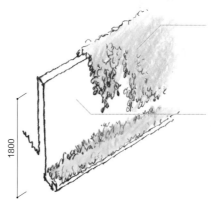

混凝土墙壁上生出的青苔等植物，可以丰富建筑外部空间

1800

砌体墙中使用的砌块规格一般为 390mm×190mm×（100/120/150）mm，砌体墙较为便宜，因此使用较为普遍

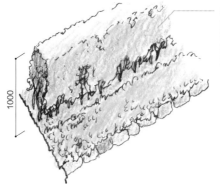

1000

也有使用灌木丛代替矮墙的做法，常见的植物有土松、蔷薇等。有的街区一整条街都种植同样的植物，成为街区特色

混凝土墙和砌体墙给人一种冷酷的质感，如果搭配植物则可以缓和气氛。传统街区中也有使用石块堆砌的矮墙。

车库

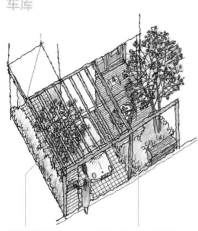

为了防止被盗，车库常设有防盗卷帘门，车库内也可以设计小型的工作间

独立车库可以防雨，也可以保护汽车本身，还可以成为室内外的过渡空间

葡萄藤架下设置的车库

木质葡萄藤架上缠绕的植物和高耸的植物共同装饰着建筑的外部空间

虽然车库常采用铝合金建造，但也有使用木材建造的车库，别有一番风味。独立车库常见于高档住宅区及独栋住宅区。

1.10
外部空间的其他
构成要素

虽然本书主要介绍建筑的透视图画法，但工作中有时也会出现需要用透视图来表现街景的情况。尤其对于动漫及游戏专业的学生来说，街景的绘制是十分重要的一部分。其实把每日所见之物准确地画出来并不是一件简单的事，因为我们平时可能没有留意这些物体的尺寸，因此本节将详细介绍各种常见街景的构成要素，并标出其标准尺寸。

车道上的信号灯一般高度在 5500mm 以上，即使在偏远的小街区中的信号灯，其高度也在 5000mm 以上。人行道上的信号灯则一般高于 2500mm

信号灯

950

公共电话亭

信号牌

600

5000~5500

2200

≥2000

盲道

防撞板

≥40

U 形排水沟

人行横道

车道宽大于 1700mm

人行道的宽度一般要大于 2000mm，人流大的人行道宽度应大于 3500mm

---

❶ 若侧挂招牌挑出长度小于 500mm，则其下端高于人行道 2500mm 即可。

外部空间的重要构成要素

　　日本随处可见的街景，除了建筑之外还有很多其他的构成要素，掌握这些构成要素的尺寸有利于绘制外部空间的透视图。

第1章　建筑基地知识

第2章　透视图的基础知识

第3章　建筑透视图

第4章　室内透视图

第5章　风景、街景的画法

第6章　阴影的画法

店铺招牌根据各地规定不同，其大小和挂设高度也有所不同，以东京为例，招牌突出建筑物应小于1500mm，且高于地面3500mm[1]。另外招牌也不可高出建筑屋顶

变压器

牌

街灯

侧挂招牌

450~800

900~2400

遮雨篷

500~900

≤2500

2000~2100

邮筒

190

150

20

450

3000

600

路缘石

雨伞收纳筐

店铺

≤1900

卷帘收纳器

400

排烟窗

300

800　1000~1200　400

人行道

自动售货机　空调室外机

双向车道宽应不小于4000mm，如果不足4000mm，则应以道路中心线为中心，改为2000mm宽的单行车道

人行道和车道之间应该设置200mm高的路缘石来区分空间，路缘石可以保证盲人及行动不便者的安全，如果不设路缘石则应空出1500mm以上的水平距离

27

街道中的景物 ❶ 虽然每天都擦肩而过，却经常难以绘制出精准样子。在日常生活中我们可以多留心观察这些景物的大小，日积月累方能画出比例合理的街景。

行道树

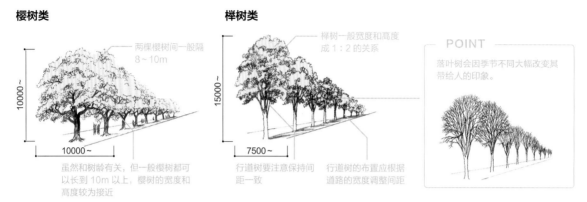

樱树类

两棵樱树间一般隔
8～10m

10000～

10000～

虽然和树龄有关，但一般樱树都可以长到 10m 以上，樱树的宽度和高度较为接近

榉树类

榉树一般宽度和高度成 1:2 的关系

15000～

7500～

行道树要注意保持间距一致

行道树的布置应根据道路的宽度调整间距

> **POINT**
>
> 落叶树会因季节不同大幅改变其带给人的印象。

地面设备

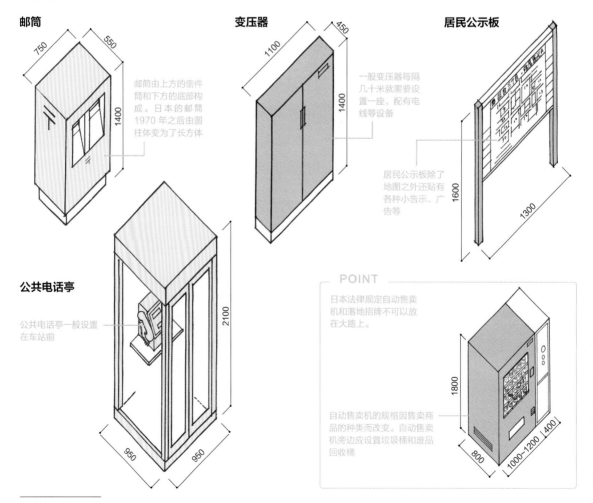

邮筒

750

550

1400

邮筒由上方的信件筒和下方的底部构成。日本的邮筒 1970 年之后由圆柱体变为了长方体

变压器

450

1100

1400

一般变压器每隔几十米就需要设置一座，配有电线等设备

居民公示板

1600

1300

居民公示板除了地图之外还贴有各种小告示、广告等

公共电话亭

2100

950

950

公共电话亭一般设置在车站前

> **POINT**
>
> 日本法律规定自动售卖机和落地招牌不可以放在大路上。
>
> 1800
>
> 800
>
> 1000～1200 400
>
> 自动售卖机的规格因售卖商品的种类而改变。自动售卖机旁边应设置垃圾桶和废品回收桶

---

❶ 道路及道路两侧放置物件或种植植物需要征得街道管理者的同意，否则属于违法行为。

电线杆

路灯、信号灯

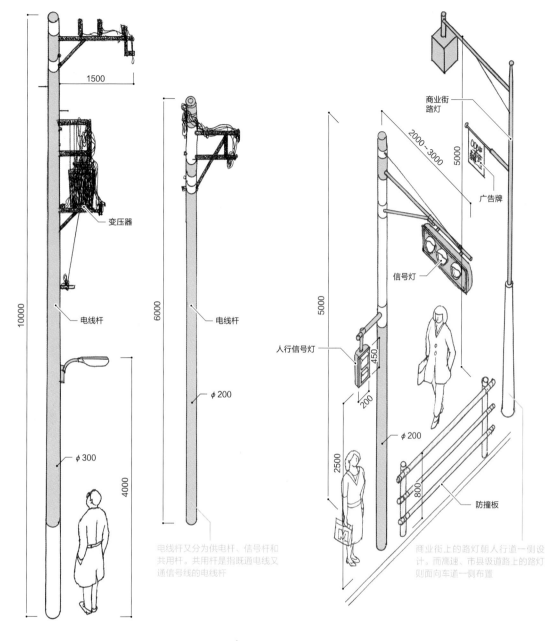

1500

变压器

10000

电线杆

6000

电线杆

φ200

φ300

4000

商业街
路灯

2000～3000

5000

广告牌

信号灯

5000

人行信号灯

450

200

φ200

2500

防撞板

800

电线杆又分为供电杆、信号杆和
共用杆。共用杆是指既通电线又
通信号线的电线杆

商业街上的路灯朝人行道一侧设
计。而高速、市县级道路上的路灯
则面向车道一侧布置

防撞板

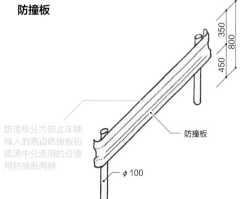

350

800

450

防撞板

φ100

防撞板分为防止车辆
撞人的路边防撞板和
高速中分流用的分流
用防撞板两种

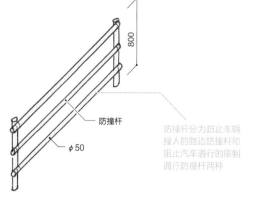

800

防撞杆

φ50

防撞杆分为防止车辆
撞人的路边防撞杆和
阻止汽车通行的限制
通行防撞杆两种

第1章 建筑基础知识

第2章 透视图的基础知识

第3章 建筑透视图

第4章 室内透视图

第5章 风景、街景的画法

第6章 阴影的画法

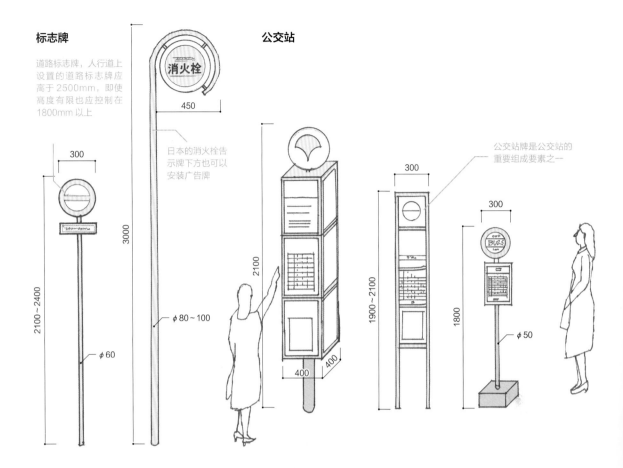

标志牌

道路标志牌，人行道上设置的道路标志牌应高于2500mm，即使高度有限也应控制在1800mm以上

日本的消火栓告示牌下方也可以安装广告牌

300

2100~2400

φ60

3000

φ80~100

450

消火栓

公交站

2100

400 400

300

1900~2100

公交站牌是公交站的重要组成要素之一

300

1800

φ50

BUS

道路和私人用地之间的物件

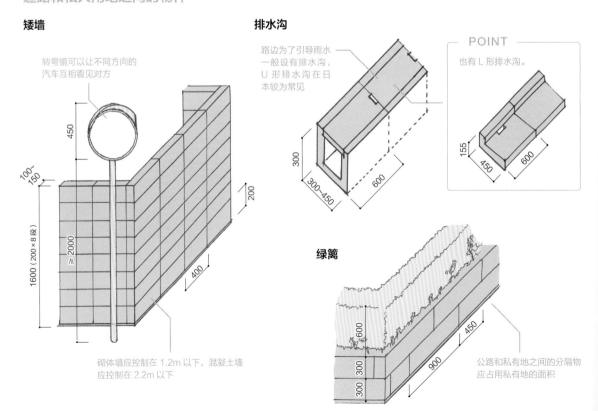

矮墙

转弯镜可以让不同方向的汽车互相看见对方

450

100~150

200

1600（200×8段）

≥2000

400

砌体墙应控制在1.2m以下，混凝土墙应控制在2.2m以下

排水沟

路边为了引导雨水一般设有排水沟；U形排水沟在日本较为常见

300

300~450

600

POINT

也有L形排水沟。

155

450

600

绿篱

600

300 300

900

450

公路和私有地之间的分隔物应占用私有地的面积

汽车

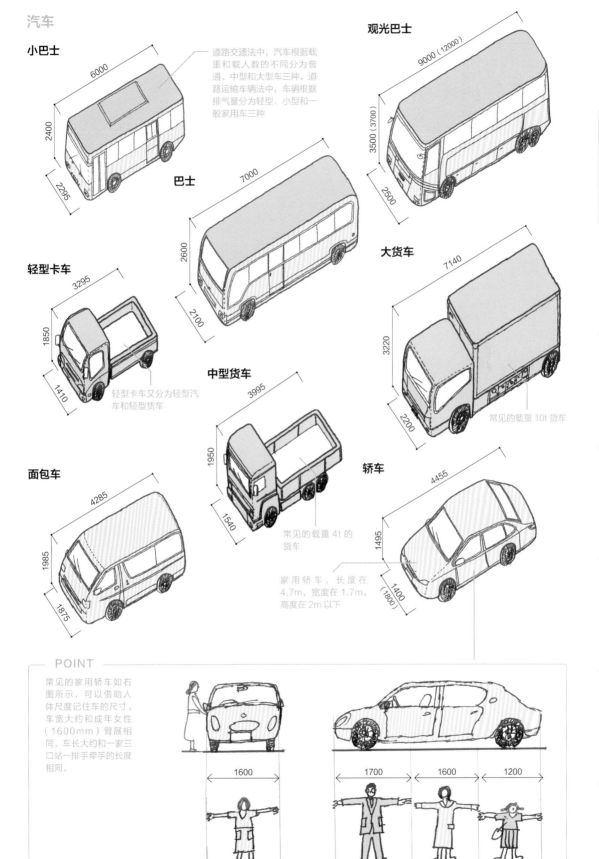

小巴士
6000
2400
2295

道路交通法中，汽车根据载重和载人数的不同分为普通、中型和大型车三种。道路运输车辆法中，车辆根据排气量分为轻型、小型和一般家用车三种

观光巴士
9000（12000）
3500（3700）
2500

巴士
7000
2600
2100

大货车
7140
3220
2200

常见的载重 10t 货车

轻型卡车
3295
1850
1410

轻型卡车又分为轻型汽车和轻型货车

中型货车
3995
1950
1540

常见的载重 4t 的货车

面包车
4285
1985
1875

轿车
4455
1495
1400（1800）

家用轿车，长度在 4.7m，宽度在 1.7m，高度在 2m 以下

POINT

常见的家用轿车如右图所示，可以借助人体尺度记住车的尺寸。车宽大约和成年女性（1600mm）臂展相同，车长大约和一家三口站一排手牵手的长度相同。

1600

1700　1600　1200

第 1 章
建筑基础知识

第 2 章
透视图的基础知识

第 3 章
建筑透视图

第 4 章
室内透视图

第 5 章
风景、街景的画法

第 6 章
阴影的画法

1.11
建筑图纸的画法

要 想画好建筑透视图必须先掌握建筑图纸的相关知识。画漫画时，事先打好建筑图纸的草图，也可以保证画出的建筑不会出现偏差。绘制建筑图纸主要是为了标出各部分的尺寸，如果一比一绘制则会过大，因此一般都采用缩略图来表达。本节简要介绍各种基础图纸的画法。

建筑图纸的种类

室外部分的建筑图纸分为立面图、总平面图和顶视图等，室内部分分为平面图、剖面图、展开图等。

顶视图

从建筑正上方看建筑

顶视图是建筑屋顶的正投影图 ❶

表示屋顶的样子

顶视图

立面图

建筑一般都有四张立面图，分别来自东南西北四个方向

四张立面图对齐绘制可以更好地表示建筑的形态

南立面图是建筑从正南方向的正投影图

立面图

平面图

平面图是建筑物被1.5m高的剖切面剖切后的上方的正投影图

一般剖切面在1~1.5m高处，也有特殊情况

从上向下看

从正上方向下看

绘制平面图并标注尺寸

建筑图纸中最基本的图纸

平面图

剖面图

剖面图是垂直剖切面剖断建筑后的投影图

剖切面位置需在平面图上表示出来

绘制被剖切的建筑

建筑剖切面上被剖切的建筑部分

绘制其他物件

绘制剖切方向可以看到的其他家具，以细线表示出来

剖面图

❶ 正投影图是指建筑物向一个方向的平行投影图。建筑的立体构成如突出的门窗等在投影图中也以平面表示。

展开图

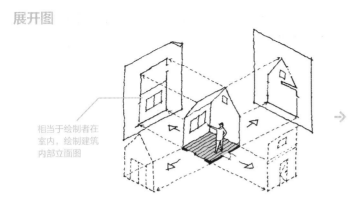

相当于绘制者在
室内，绘制建筑
内部立面图

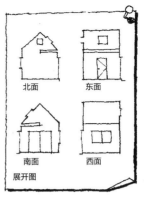

北面　东面

南面　西面

展开图

从建筑内绘制东西南北四个方向的墙
面和家具

在图中标注出建筑内的
装修材料等

绘制建筑图纸的顺序

绘制建筑图纸一般有一个固定的顺序，和建筑施工的顺序很相似。

首先了解建筑施工的基本知识

水平线不只表示建筑的范围，还表
示基础的高度和柱子的位置

利用水平线确定建筑控制
线和高度

建造建筑基础

建造墙壁

建造地板和屋顶

平面图的绘制顺序

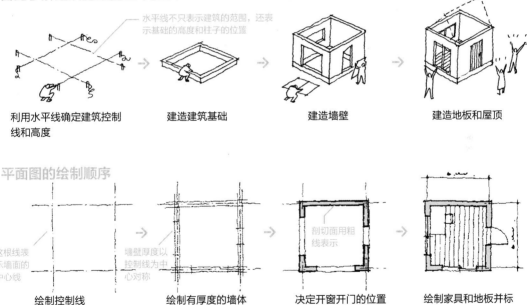

这根线表
示墙面的
中心线

墙壁厚度以
控制线为中
心对称

剖切面用粗
线表示

绘制控制线

绘制有厚度的墙体

决定开窗开门的位置

绘制家具和地板并标
注尺寸

剖面图的绘制顺序

GL 表示地面
标高，FL 表
示各层标高

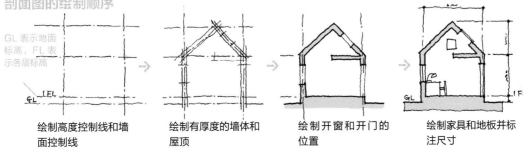

绘制高度控制线和墙
面控制线

绘制有厚度的墙体和
屋顶

绘制开窗和开门的
位置

绘制家具和地板并标
注尺寸

第1章 建筑基础知识

第2章 透视图的基础知识

第3章 建筑透视图

第4章 室内透视图

第5章 风景、街景的画法

第6章 阴影的画法

建筑开口的表示方法

建筑中开窗和开门的部分称作建筑开口，为了区分不同的开窗和开门，各种门窗有其自己的表示方法，以下介绍几种常见的建筑开口表示方式。

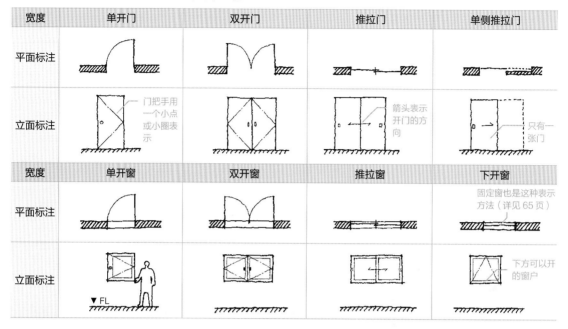

不同比例的图纸表示的内容不同

一般常见的平面图比例为 1：50 或 1：100[1]，不同比例的平面图中需要表达的内容也不同。比例越大的图纸需要表达的细节更多。

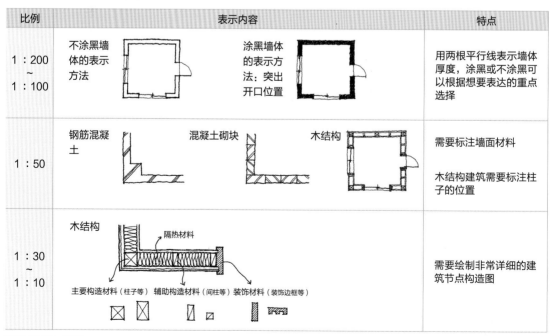

---

❶ 六张榻榻米大小的房间（3600mm×2700mm）如果按 1：100 的比例绘制，那么图纸就有 36mm×27mm 大。借助一把尺子就可以画出房间内各部件的实际大小。

第**2**章

透视图的
基础知识

2.1
近大远小与灭点

近大远小，让我们可以辨别照片中的物体离我们的距离。透视图就是利用了这个原理，使其可以绘制出具有远近感的画面。在绘制透视图之前，首先要理解"灭点"这个概念。

近大远小

近大远小的描绘能表现进深感，使画面看起来更立体。

透视图，其名称来源就是可以表示画面进深的图

同一个人，也会因与画面的距离远近而改变大小

POINT

也有利用颜色深浅来表示画面进深的绘画方式。

远景较浅

近景较深

所有物体消失于一点

透视图中，所有物体上的平行线（除了与画面平行的垂直面上的线之外），最终都要消失于同一个点。因此越远的东西越小，越像一个点。这个点就叫灭点。

用一点透视法绘制
（详见 38 页）

⇒

高

长

宽

平行投影图中的长方体有三组边互相平行，分别称作长、宽、高

越接近画面的物体越大，反之则越小

透视法中，所有进深方向的平行线都要消失于一点，所以它们不再平行

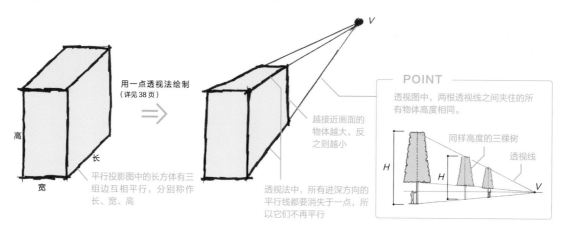

POINT

透视图中，两根透视线之间夹住的所有物体高度相同。

同样高度的三棵树

透视线

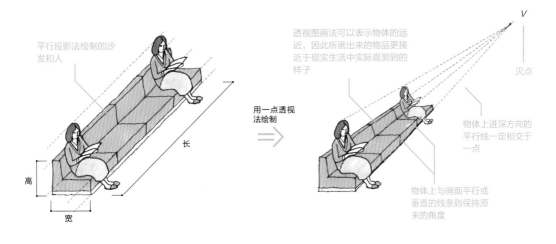

平行投影法绘制的沙发和人

用一点透视法绘制 ⇒

长

高

宽

透视图画法可以表示物体的远近，因此所画出来的物品更接近于现实生活中实际观测到的样子

V

灭点

物体上进深方向的平行线一定相交于一点

物体上与画面平行或垂直的线条则保持原来的角度

第1章 建筑基础知识

第2章 透视图的基础知识

第3章 建筑透视图

第4章 室内透视图

第5章 风景、街景的画法

第6章 明影的画法

进深方向的平行线，相交于一点

灭点是一个假想的非常遥远的点，也代表绘图者的视线焦点。所有与绘图者视线方向平行的线，其延长线都会聚集到这个点上。

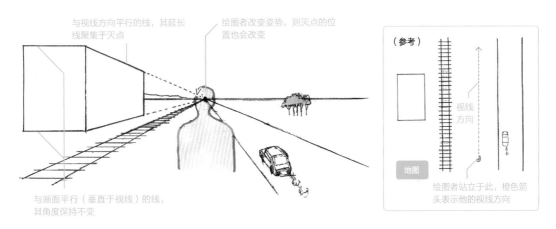

与视线方向平行的线，其延长线聚集于灭点

绘图者改变姿势，则灭点的位置也会改变

（参考）

视线方向

地图

绘图者站立于此，橙色箭头表示他的视线方向

与画面平行（垂直于视线）的线，其角度保持不变

COLUMN

平行投影法可以更简单地绘制立体图形

平行投影法虽然不能表示物体的远近，却可以在二维图纸上表示三维物体。在建筑设计中常见的平行投影画法如右图。平行投影图因其绘制简单、标注精确而得到广泛使用。

（1）任意角度平行投影法：根据物体形状选用任意倾斜角度 α 的绘制方法。

（2）120° 角平行投影法：左右各倾斜30°角的平行投影绘制法。

（3）垂直平行投影：将物体的一面垂直绘制，其余面倾斜角度 α 绘制的方法（实长 = 实际长度）。

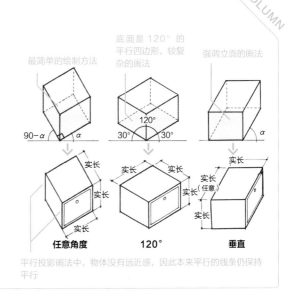

最简单的绘制方法

底面是 120° 的平行四边形，较复杂的画法

强调立面的画法

$90-\alpha$ α

120°

α

30° 30°

实长

实长

实长

实长

实长

实长

实长（任意）

实长

任意角度

120°

垂直

平行投影画法中，物体没有远近感，因此本来平行的线条仍保持平行

2.2
灭点数量与
透视图

我们身边的物体大多有长、宽、高三个主要方向。在纸面上，所有进深方向的平行线都消失于一点的画法是一点透视法。如果两个方向的平行线分别消失于两个灭点，则变为两点透视图。三点透视图则是三个灭点，分别引导三个方向的平行线。

一点透视图的画法

虽说日常生活中我们基本都以三点透视法观测物体，但是三点透视图绘制起来很有难度。因此我们常绘制一点透视图表达物体远近。

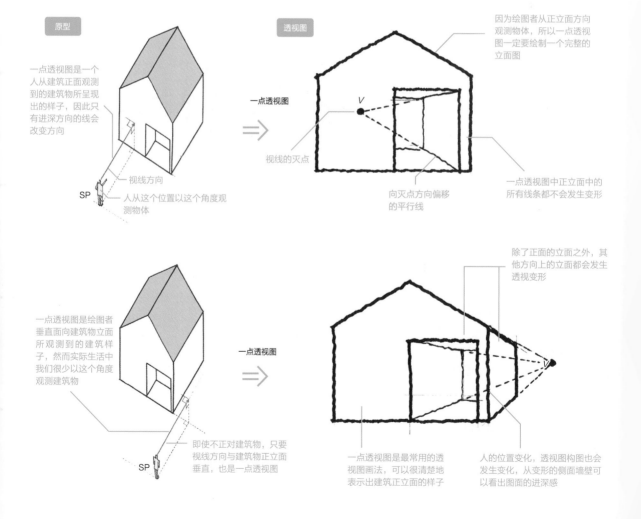

原型

一点透视图是一个人从建筑正面观测到的建筑物所呈现出的样子，因此只有进深方向的线会改变方向

视线方向

SP

人从这个位置以这个角度观测物体

透视图

因为绘图者从正立面方向观测物体，所以一点透视图一定要绘制一个完整的立面图

一点透视图

V

视线的灭点

向灭点方向偏移的平行线

一点透视图中正立面中的所有线条都不会发生变形

一点透视图是绘图者垂直面向建筑物立面所观测到的建筑样子，然而实际生活中我们很少以这个角度观测建筑物

一点透视图

SP

即使不正对建筑物，只要视线方向与建筑物正立面垂直，也是一点透视图

除了正面的立面之外，其他方向上的立面都会发生透视变形

一点透视图是最常用的透视图画法，可以很清楚地表示出建筑正立面的样子

人的位置变化，透视图构图也会发生变化，从变形的侧面墙壁可以看出图面的进深感

两点透视图的画法

两点透视图可以更自然地表示物体的进深及形状,以下介绍两点透视图的特征。

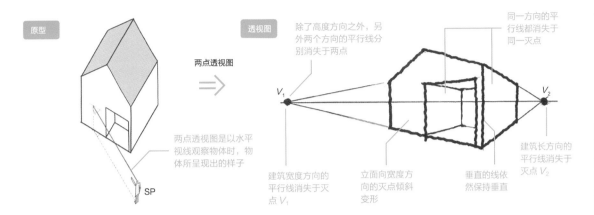

原型

两点透视图

SP

两点透视图是以水平视线观察物体时,物体所呈现出的样子

透视图

除了高度方向之外,另外两个方向的平行线分别消失于两点

同一方向的平行线都消失于同一灭点

建筑长方向的平行线消失于灭点 V_2

垂直的线依然保持垂直

立面向宽度方向的灭点倾斜变形

建筑宽度方向的平行线消失于灭点 V_1

三点透视图的画法

三点透视图虽然可以准确还原平时观测到建筑物,但因其绘制难度极高,所以很少使用。

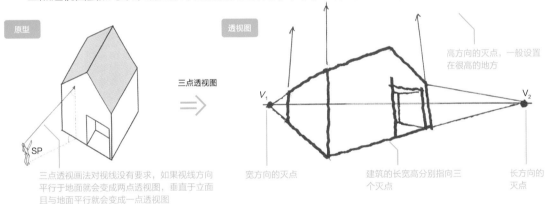

原型

三点透视图

SP

三点透视画法对视线没有要求,如果视线方向平行于地面就会变成两点透视图,垂直于立面且与地面平行就会变成一点透视图

透视图

高方向的灭点,一般设置在很高的地方

长方向的灭点

建筑的长宽高分别指向三个灭点

宽方向的灭点

一点透视图中也会有很多灭点

右图是一张描绘三个建筑的一点透视图,但是图中却有三个灭点。这是为什么呢?因为并不是所有物体的正立面都垂直于观测者的视线方向,所以这些物体就会以两点透视的方式出现在画面中。

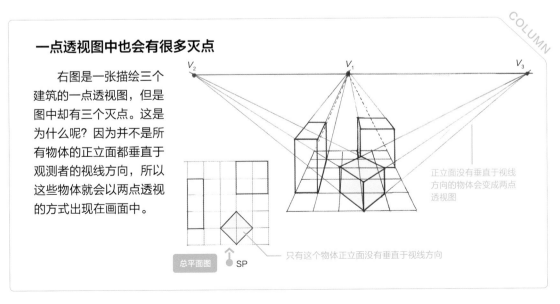

正立面没有垂直于视线方向的物体会变成两点透视图

只有这个物体正立面没有垂直于视线方向

总平面图　　SP

第 1 章　建筑基础知识

第 2 章　透视图的基础知识

第 3 章　建筑透视图

第 4 章　室内透视图

第 5 章　风景、街景的画法

第 6 章　阴影的画法

2.3
视线高度和灭点
位置决定构图

透 视图是根据绘图者观察视角绘制图面的一种绘图方式，所以视线高度和视线方向直接影响图面构图。透视图背后视点的高度叫作"视线高度"，一点透视图中的灭点高度和视线高度相同。

视线高度决定灭点位置

一点透视图中从灭点绘制的水平线就是地平线，所以地面、屋檐等物体，其进深方向的延长线都应落在地平线上。

视线方向和视线高度

一点透视图中视线高度指视点的高度。

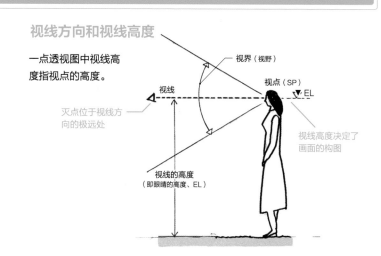

视界（视野）

视点（SP）
▼EL

视线

灭点位于视线方向的极远处

视线高度决定了画面的构图

视线的高度（即眼睛的高度、EL）

地平线要通过灭点

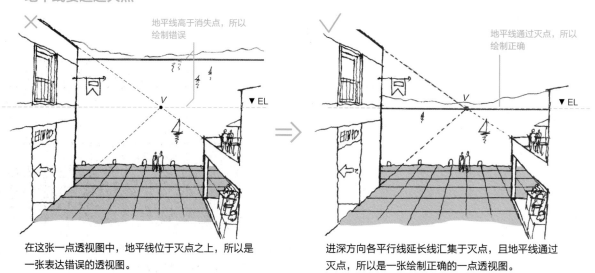

地平线高于消失点，所以绘制错误

▼EL

地平线通过灭点，所以绘制正确

▼EL

在这张一点透视图中，地平线位于灭点之上，所以是一张表达错误的透视图。

进深方向各平行线延长线汇集于灭点，且地平线通过灭点，所以是一张绘制正确的一点透视图。

视线高度可以自由设置

　　一般来说成年人的视线高度在 1400～1500mm 处，但是透视图中视线高度不一定控制在这个范围内，而应根据表达内容调整视线高度。

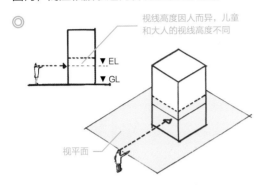

视线高度因人而异，儿童和大人的视线高度不同

视平面

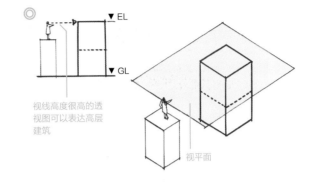

视线高度很高的透视图可以表达高层建筑

视平面

视线高度决定画面构图

　　视线高度也可以理解为镜头高度，因此视线高度的位置变化，会直接使画面的构图发生变化。

比视平面高的物体可以看见其顶面，比视平面低的物体可以看见其底面

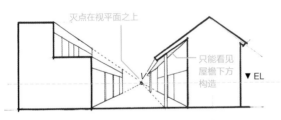

灭点在视平面之上

只能看见屋檐下方构造

屋檐比视平面高，可以看见屋檐的下部结构。

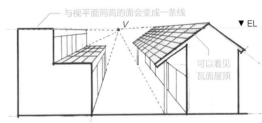

与视平面同高的面会变成一条线

可以看见瓦面屋顶

屋顶比视平面低，可以看见其上部构造。

与视平面同高的人群头部，要在一条直线上；不同高则不在同一直线上

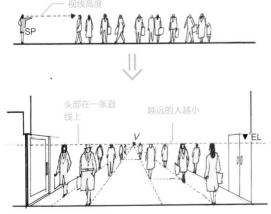

视线高度

头部在一条直线上

越远的人越小

与视平面同高的人群头部，要保持在一条直线上。

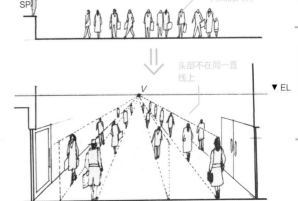

同高的人们

头部不在同一直线上

人群头部与视平面不同高时，人群的头部不在同一条线上。

第 1 章 建筑基础知识

第 2 章 透视图的基础知识

第 3 章 建筑透视图

第 4 章 室内透视图

第 5 章 风景、街景的画法

第 6 章 阴影的画法

视线高度和灭点位置决定最终构图

在透视图中，视线高度决定图面的垂直构图，而灭点位置决定了图面的水平构图。

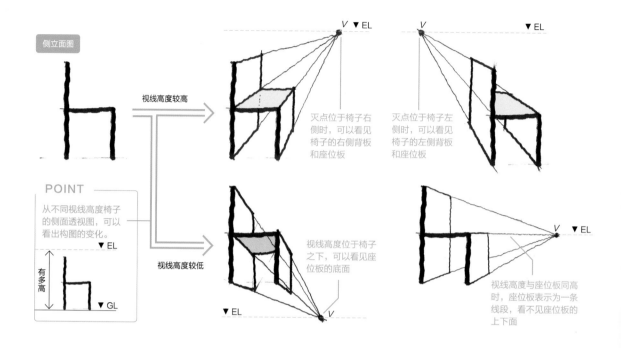

侧立面图

视线高度较高

灭点位于椅子右侧时，可以看见椅子的右侧背板和座位板

灭点位于椅子左侧时，可以看见椅子的左侧背板和座位板

POINT

从不同视线高度椅子的侧面透视图，可以看出构图的变化。

视线高度较低

视线高度位于椅子之下，可以看见座位板的底面

视线高度与座位板同高时，座位板表示为一条线段，看不见座位板的上下面

两点透视图的构图也由视线高度和灭点位置决定

下图是一个 3m 高的建筑模型。可以发现视线高度和灭点的位置不同，透视图构图也会发生改变。

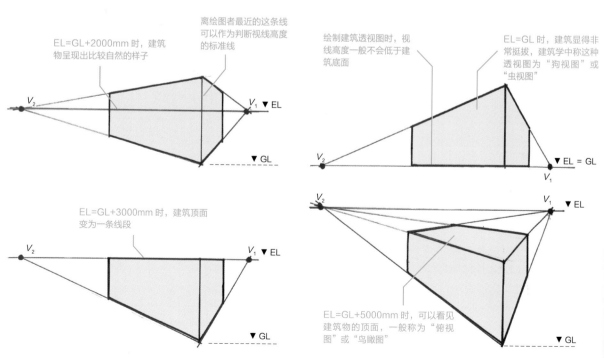

EL=GL+2000mm 时，建筑物呈现出比较自然的样子

离绘图者最近的这条线可以作为判断视线高度的标准线

绘制建筑透视图时，视线高度一般不会低于建筑底面

EL=GL 时，建筑显得非常挺拔，建筑学中称这种透视图为"狗视图"或"虫视图"

EL=GL+3000mm 时，建筑顶面变为一条线段

EL=GL+5000mm 时，可以看见建筑物的顶面，一般称为"俯视图"或"鸟瞰图"

2.4
透视图的传统绘制方法

在纸面上表示三维图像的透视法最先出现于欧洲的佛罗伦萨。因其可以真实地表现人所观察到的物体，所以在艺术界引起一时轰动，并迅速传至全球各地。本节将介绍一点透视和两点透视的传统绘制方法。参考下图，绘制正确的透视线（面）❶。

第 1 章 建筑基础知识
第 2 章 透视图的基础知识
第 3 章 建筑透视图
第 4 章 室内透视图
第 5 章 风景·街景的画法
第 6 章 明影的画法

透视图的诞生

透视图之所以称为"透视图"，是因为透视画法最开始要借助一张半透明板，绘图者透过半透明板描绘呈现在其上的物体的样子。

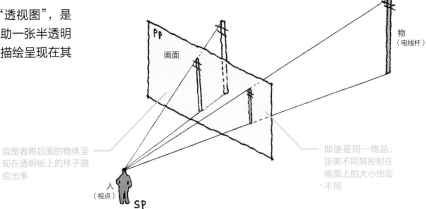

PP
画面
物（电线杆）

绘图者将后面的物体呈现在透明板上的样子描绘出来

即使是同一物品，距离不同其投射在画面上的大小也会不同

人（视点）
SP

传统的透视图画法

传统的透视图画法是什么样的呢？下面以一张距绘图者（SP：standing point）很近的画面（PP：picture plane）和一个建筑物为例说明。

画面为什么要离人很近

画面要描绘出建筑物在绘图者眼中的样子，因此画面离绘图者越近越能准确地描绘出绘图者眼中的建筑。

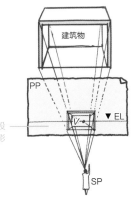

PP
建筑物
▼ EL
V

PP
V
▼ EL
SP

画面离建筑物越远，投射在其上的建筑物投影越小

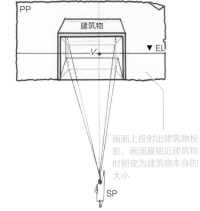

PP
建筑物
▼ EL
V

SP

画面上投射出建筑物投影，画面最接近建筑物时则变为建筑物本身的大小

---

❶ 当然，在绘制透视图时也不一定要严格遵循这些绘制步骤，像 47 页介绍的那样，透视中的线和面稍微随意一些也不会影响整体画面效果。

在画面上绘制

绘制者将画面上呈现出的建筑物的投影描绘出来，这就是最初的透视图画法。

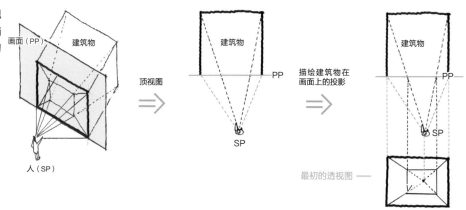

画面（PP）
建筑物
人（SP）

顶视图 ⇒
建筑物
PP
SP

描绘建筑物在画面上的投影 ⇒
建筑物
PP
SP

最初的透视图 —
V

视点位置变化，透视图内容也会改变

透视图的内容会因视点位置变化而发生改变。

SP 的位置决定了视点位置，灭点 V 位于视线方向的远方

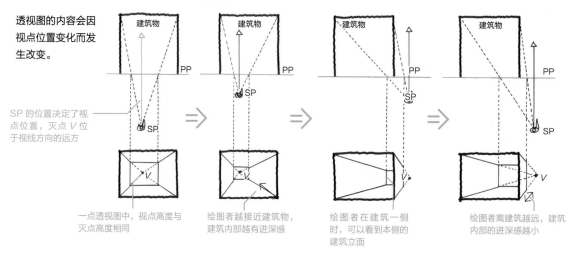

一点透视图中，视点高度与灭点高度相同

绘图者越接近建筑物，建筑内部越有进深感

绘图者在建筑一侧时，可以看到本侧的建筑立面

绘图者离建筑越远，建筑内部的进深感越小

COLUMN

广角镜头和标准镜头

　　摄影师常用的摄像机镜头分为广角镜头、标准镜头和远摄镜头三种，广角镜头的焦点距离较近，因此可以在画面中呈现出更多的内容。而标准镜头和远摄镜头可以更准确、清晰地拍摄出远处的景色。透视图中，也有绘制广角镜头透视图和远摄镜头透视图的方法，但是一般都会选用和人眼透视原理最接近的标准镜头透视图❶。

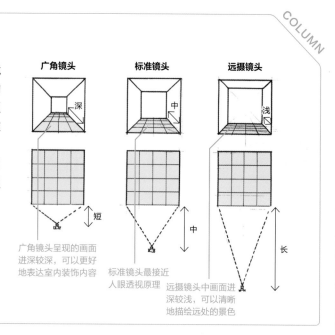

广角镜头　　　标准镜头　　　远摄镜头

深　　　中　　　浅

短　　　中　　　长

广角镜头呈现的画面进深较深，可以更好地表达室内装饰内容

标准镜头最接近人眼透视原理

远摄镜头中画面进深较浅，可以清晰地描绘远处的景色

❶ 准确绘制时，视点 SP 离画面 PP 越远，则透视进深越浅。

44

一点透视图的传统画法

以下介绍最为常用的一点透视图的绘制方法。建筑物的室内透视图和室外透视图的画法没有本质区别，下面以 4000mm 高的建筑为例，介绍建筑物室外透视图的画法。

1

将建筑平面图和侧立面图以右图所示的方式摆放，将画面 PP 紧贴平面图摆放。

平面图

PP

平面图以正立面向下的方向摆放

两图保持适当的间距即可，不影响完成

在这里绘制透视图

侧立面图

GL ▼

2

在平面图中标出视点位置 SP，在侧立面图中标出视线高度 EL，并确定灭点 V 的位置。

平面图

PP

视线

视点位置位于建筑物右侧，可以在透视图中表示建筑右侧立面

SP

EL ▼　侧立面图

GL ▼　　　　　　　　　V

SP 向下作垂直线，与 EL 的延长线相交于点 V

3

从平面图和侧立面图中引出两边的延长线，确定透视图中建筑的立面轮廓。

平面图

PP

如果有建筑正立面图，可以将其直接复制在此位置，省略 1~3 的步骤

SP

侧立面图

V ▼ EL

4

将平面图右上角与点 SP 相连，得到交点 A。将透视图正立面中右侧各角与灭点 V 相连。

平面图

A　PP

这张图中 EL 设置在 GL+1500mm 的位置

SP

这张侧立面图可以去掉不要了

侧立面图

V ▼ EL

V 点在线 EL 上

5

从点 A 向下作垂线，就可以确定透视图中的建筑进深。

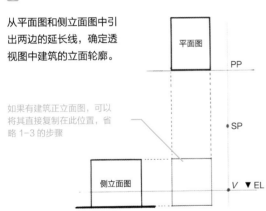

平面图

A　PP

SP

可以说 1~4 的步骤都是为了确定建筑进深

V ▼ EL

6

绘制细节，完成。

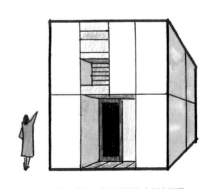

注：建筑立面图中，建筑正立面的立面图称作正立面图，侧面的立面图称作侧立面图。因此侧立面图又分为左侧立面图和右侧立面图。

第 1 章　建筑基础知识

第 2 章　透视图的基础知识

第 3 章　建筑透视图

第 4 章　室内透视图

第 5 章　风景、街景的画法

第 6 章　阴影的画法

接下来介绍两点透视图的传统绘制方法。以下以建筑平面图和侧立面图为参考绘制建筑物的两点透视图。

1

将平面图倾斜放置，以角 *A* 为基点，画一条垂线，垂线代表绘图者的视线方向。侧立面图则水平放置，并引出 EL 线。

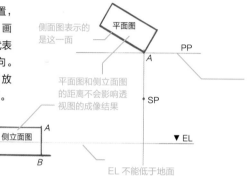

侧面图表示的是这一面

平面图和侧立面图的距离不会影响透视图的成像结果

EL 不能低于地面

两点透视图是视线平行于地面但与建筑立面不垂直时的透视图。因此画面与建筑成一定角度。

将建筑投影在画面上的样子描绘出的图，就是两点透视图

2

从点 SP 绘制两条平行于平面图两边的直线，与线 PP 相交于点 *X*、*Y*。

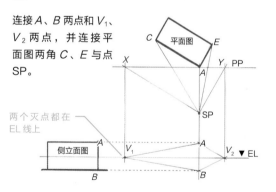

平行

平行

在这里绘制透视图

3

从 *X*、*Y* 绘制垂线，与 EL 的延长线相交于点 V_1、V_2。V_1、V_2 就是两点透视图的两个灭点。

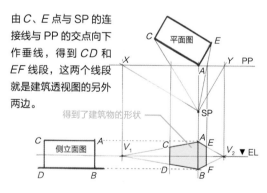

两点透视图中，只有 *AB* 线与立面图长度相同

4

连接 *A*、*B* 两点和 V_1、V_2 两点，并连接平面图两角 *C*、*E* 与点 SP。

两个灭点都在 EL 线上

5

由 *C*、*E* 点与 SP 的连接线与 PP 的交点向下作垂线，得到 *CD* 和 *EF* 线段，这两个线段就是建筑透视图的另外两边。

得到了建筑物的形状

6

绘制细节，完成。

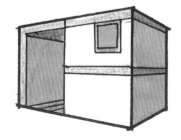

第1章
建筑基础知识

第2章
透视图的基础知识

第3章
建筑透视图

第4章
室内透视图

第5章
风景·街景的画法

第6章
阴影的画法

2.5
简单的
透视图画法

透 视图是将物体或建筑表现出立体效果的绘制方法。前面介绍简单的透视图的画法，虽然可以保证绘制准确，却费时费力。因此本节将介绍现代常用的、易于绘制的透视图画法，即使稍有些不准确也不会影响整体效果❶。

简单的透视图画法

只需要一张立面图，并设置任意一点灭点 V，将相关点彼此连接就可得到一张一点透视图。这种画法不需要事先确定视线高度和视线位置❷。

借由立面图绘制透视图的方法（详见54页）

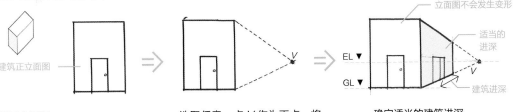

准备一张正立面图。　　选取任意一点 V 作为灭点，将　　确定适当的建筑进深。
　　　　　　　　　　　建筑各角与之相连。

借由展开图绘制的室内一点透视图（详见100页）

准备一张室内展开图。　　选取任意一点 V 作为灭点，将　　确定适当的进深。
　　　　　　　　　　　　展开图各角与之相连。

两点透视图（详见86、130页）

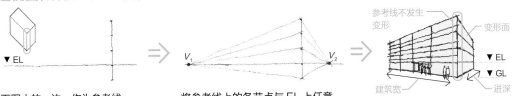

选取立面图中的一边，作为参考线。　　将参考线上的各节点与 EL 上任意　　确定适当的建筑进深。
　　　　　　　　　　　　　　　　两点 V_1、V_2（灭点）相连。

❶ 进深由视点 SP 和画面 PP 的距离决定。调整进深距离，使透视图表达出想要的人与建筑的关系。
❷ 在适当的高度上设定灭点。灭点的位置由想要表现出的画面效果决定。

适当的进深、准确的比例

虽然简单画法的透视图中，建筑进深可以由绘制者适当决定。但是进深方向的各点一定要遵守近大远小的原则。

进深方向距离相等的物件，在透视图中呈现出的间距并不相等

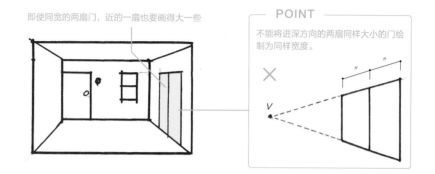

即使同宽的两扇门，近的一扇也要画得大一些

POINT

不能将进深方向的两扇同样大小的门绘制为同样宽度。

透视图中的基本"等分"法

1

左图为透视图中需要三等分的侧立面图。以下介绍透视图中三等分侧立面的方法。

（参考）

侧立面图

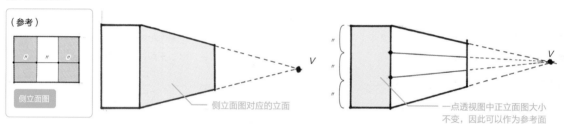

侧立面图对应的立面

2

将正立面图与侧立面图相交的线平分为三段。

一点透视图中正立面图大小不变，因此可以作为参考面

3

连接侧立面对角线。

从左上或右上哪边的角开始连线都可以

4

由 2、3 图中绘制的线的交点作垂线。

绘制交点的垂线

5

三等分完成。

得到透视图中侧立面的三等分线

a *b* *c*

POINT

垂直方向三等分，只需要将正立面图与侧立面图相交的线分为三段，并与灭点相连即可。

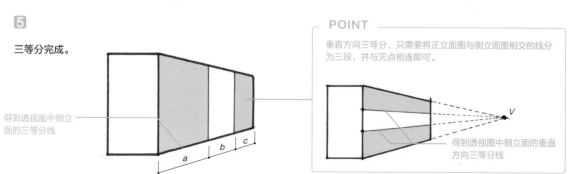

得到透视图中侧立面的垂直方向三等分线

偶数等分更简单

上面介绍了三段等分的绘制方法，偶数分割立面时可以采用更简单的对角线分割法。

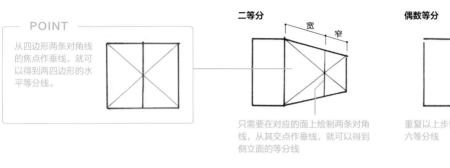

POINT

从四边形两条对角线的焦点作垂线，就可以得到两四边形的水平等分线。

二等分

宽　窄

只需要在对应的面上绘制两条对角线，从其交点作垂线，就可以得到侧立面的等分线

偶数等分

重复以上步骤，就可以得到四等分、六等分线

不等分分割也不难

建筑立面中并不都是平均分割的线条，下面介绍透视图侧立面的不等分画法。

左图为透视图中需要不等分的侧立面的立面图。以下介绍透视图中侧立面不等分的画法。

（参考）　侧立面图

a　b　c

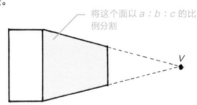

将这个面以 $a:b:c$ 的比例分割

V

将正立面图与侧立面图的相交线分为 $a:b:c$ 三段。并与灭点 V 相连。

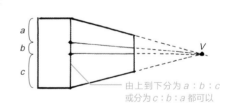

a
b
c

V

由上到下分为 $a:b:c$ 或分为 $c:b:a$ 都可以

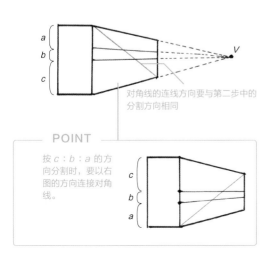

绘制侧立面的对角线。

a
b
c

V

对角线的连线方向要与第二步中的分割方向相同

POINT

按 $c:b:a$ 的方向分割时，要以右图的方向连接对角线。

c
b
a

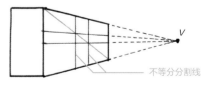

由线段交点作垂线，得到不等分的透视图侧立面。

V

不等分分割线

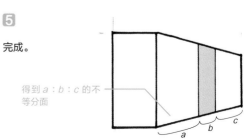

完成。

得到 $a:b:c$ 的不等分面

a　b　c

第 1 章　建筑基础知识

第 2 章　透视图的基础知识

第 3 章　建筑透视图

第 4 章　室内透视图

第 5 章　风景、街景的画法

第 6 章　阴影的画法

2.6
简单物体的
透视图

现在就让我们用刚学习的透视图画法，画一些身边的物品吧。画一点透视图时，只需要绘制出物品的正立面图，并选取一个灭点 V，将相关点与灭点相连，就可以得到物品的透视图。可以尝试绘制灭点位于不同位置的透视图，感受灭点与构图的关系。

画透视图之前需要做的事

绘制透视图前，我们要画好物体的正立面图。

决定将哪个面作为透视图的正面

绘制透视图前，要仔细观察物体，决定将哪个面作为透视图的正立面。

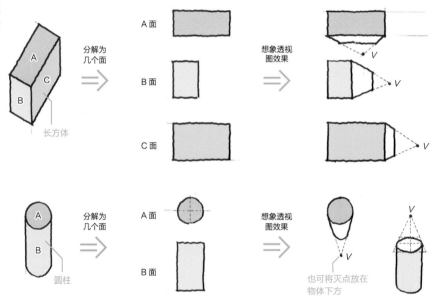

准确地绘制正立面图

决定透视图的正立面后，要准确地绘制出物体的正立面图，这个立面图将作为透视图的参考面。

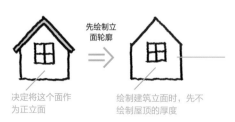

决定将这个面作为正立面

先绘制立面轮廓

绘制建筑立面时，先不绘制屋顶的厚度

POINT

立面图要从整体到局部绘制，保证各部位间的比例关系。

笔筒的一点透视图

参考上文的透视图绘制方法，让我们尝试绘制笔筒的一点透视图吧。

1

绘制笔筒的侧立面图。

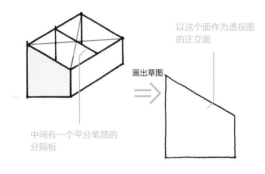

画出草图

以这个面作为透视图的正立面

中间有一个平分笔筒的分隔板

2

在斜上方确定一点 V，作为透视图的灭点，连接正立面各角与灭点。

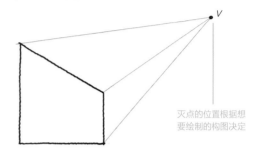

灭点的位置根据想要绘制的构图决定

3

决定适当的进深。

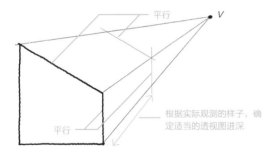

平行

平行

根据实际观测的样子，确定适当的透视图进深

4

绘制物体的轮廓线。

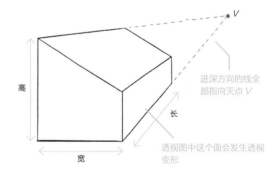

高

宽

长

进深方向的线全部指向灭点 V

透视图中这个面会发生透视变形

5

利用上文所述的对角线平分法，将进深方向二等分。

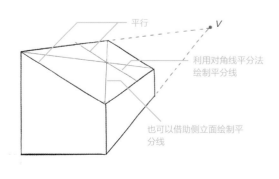

平行

利用对角线平分法绘制平分线

也可以借助侧立面绘制平分线

6

绘制细节，完成。

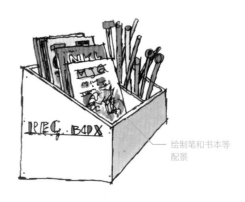

绘制笔和书本等配景

第 1 章 建筑基础知识

第 2 章 透视图的基础知识

第 3 章 建筑透视图

第 4 章 室内透视图

第 5 章 风景、街景的画法

第 6 章 阴影的画法

桌子的一点透视图

家具一般分为两大类，矮桌矮椅和高脚桌、高脚椅。下面介绍矮桌的一点透视图画法。

1

以矮桌的侧面为参考面，绘制矮桌的正立面图。

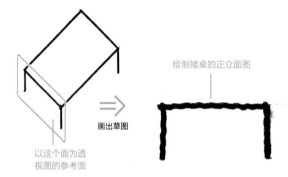

画出草图

以这个面为透视图的参考面

绘制矮桌的正立面图

2

选取一点 V 作为灭点，连接灭点与立面图各角。

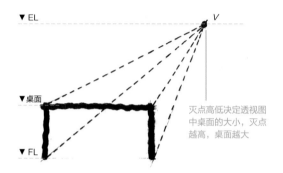

▼ EL

V

▼ 桌面

▼ FL

灭点高低决定透视图中桌面的大小，灭点越高，桌面越大

3

决定适当的进深，绘制矮桌轮廓线。

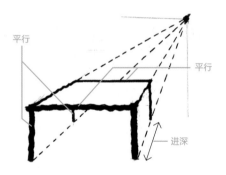

平行

平行

进深

4

绘制细节，完成。

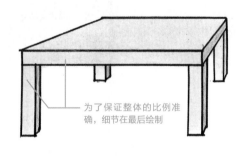

为了保证整体的比例准确，细节在最后绘制

COLUMN

矮桌、矮椅和高脚桌、高脚椅

在日本的家具市场，家具一般分为两种：在榻榻米上使用的矮桌、矮椅和地面上使用的高脚桌、高脚椅。另外收纳箱类也有很多种规格，无论什么规格的收纳箱，一般都由收纳柜、箱体和底板组成。收纳箱是日式建筑中十分重要的一个构成要素。

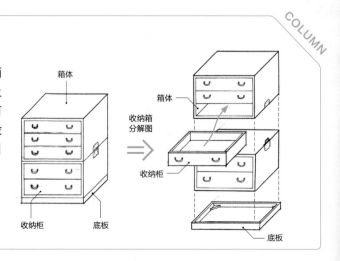

箱体

收纳柜

底板

箱体

收纳箱分解图

收纳柜

底板

第 **3** 章

建筑
透视图

3.1
建筑透视图
的灭点

使用一点透视图表现建筑外观时，可以将建筑最有魅力的一面设为正立面。

灭点的位置和高度决定了透视图的构图，因此在建筑透视图的绘制中，决定灭点的位置是最重要的一步。

决定一点透视图的灭点

选定了正立面之后要考虑透视图中还想表示建筑的哪一面，如果想要表示右侧立面则将灭点设置在建筑正立面右侧，如果想要表示屋顶面则设置在正立面上方。

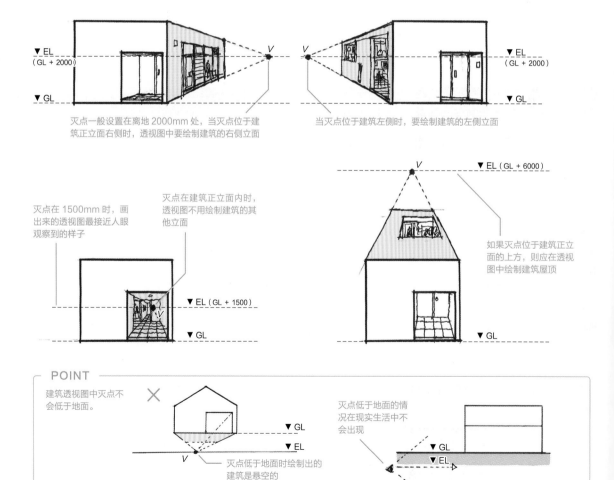

灭点一般设置在离地 2000mm 处，当灭点位于建筑正立面右侧时，透视图中要绘制建筑的右侧立面

当灭点位于建筑左侧时，要绘制建筑的左侧立面

灭点在 1500mm 时，画出来的透视图最接近人眼观察到的样子

灭点在建筑正立面内时，透视图不用绘制建筑的其他立面

如果灭点位于建筑正立面的上方，则应在透视图中绘制建筑屋顶

POINT

建筑透视图中灭点不会低于地面。

灭点低于地面时绘制出的建筑是悬空的

灭点低于地面的情况在现实生活中不会出现

一点透视图中决定灭点和建筑进深的方法

如前文所述，一般绘制透视图时，灭点和建筑进深都是由绘制者自行决定的。但是对于一些人来说"自行"反而令人难以抉择，因此下文介绍常用的灭点和建筑进深的决定方法。

1

以建筑物Ⅰ面为正立面，画出Ⅱ面（侧立面）也能看到的透视图。将Ⅰ、Ⅱ的立面图如下展平连接，任意设定EL，也就得到了灭点 V。

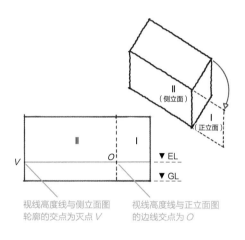

视线高度线与侧立面图轮廓的交点为灭点 V

视线高度线与正立面图的边线交点为 O

2

将正立面图的两角 AB 与 V 点相连，侧面图的两角 CD 与 O 点相连，四根线段相交于两点，连接两点形成的线段就是侧立面图最远边在透视图中的位置。

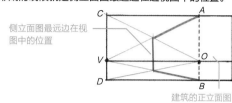

侧立面图最远边在视图中的位置

建筑的正立面图

3

连接相关点，完成透视图。

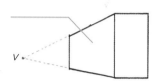

可以通过这种方法来确定较为合适的灭点位置和建筑进深

两点透视图中决定灭点和建筑进深的方法①

以下介绍常用的决定两点透视图灭点位置和建筑进深的方法。

1

在参考线两侧分别绘制正立面图Ⅱ和侧立面图Ⅰ，任意设定视线高度线EL，与两张立面图远侧边线的相交点即为两点透视图的两个灭点 V_1、V_2。

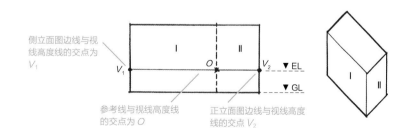

侧立面图边线与视线高度线的交点为 V_1

参考线与视线高度线的交点为 O

正立面图边线与视线高度线的交点 V_2

2

连接参考线两端 A、B 与两个灭点 V_1、V_2。与 OC、OD 相交于点 C′、D′。

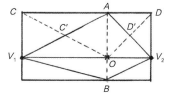

3

由 C′、D′ 绘制两条垂线，得到两点透视图的最远两边，完成透视图。

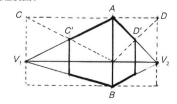

第1章 建筑基础知识

第2章 透视图的基础知识

第3章 建筑透视图

第4章 室内透视图

第5章 风景、街景的画法

第6章 阴影的画法

在两点透视图中还有一种决定灭点和建筑进深的方法。

1

绘制建筑物最前方的线段 AB（高度 h），然后如图所示画一条长度为 h 的 5 倍的水平线（即视线高度线 EL）。EL 的两端就是两个灭点。

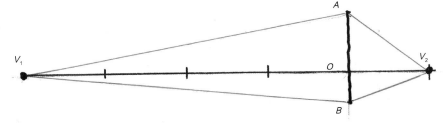

任意决定视线高度线 EL 的高度

正面方向的灭点距参考线 h 远

侧面方向的灭点距参考线 4h 远

2

连接 A、B 与 V₁、V₂。

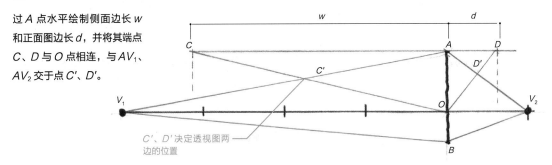

3

过 A 点水平绘制侧面边长 w 和正面图边长 d，并将其端点 C、D 与 O 点相连，与 AV₁、AV₂ 交于点 C′、D′。

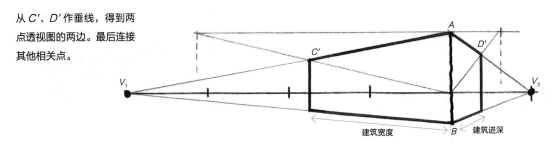

C′、D′ 决定透视图两边的位置

4

从 C′、D′ 作垂线，得到两点透视图的两边。最后连接其他相关点。

建筑宽度　　建筑进深

第1章 建筑基础知识

第2章 透视图的基础知识

第3章 建筑透视图

第4章 室内透视图

第5章 风景、街景的画法

第6章 明影的画法

建筑透视图

3.2
多个灭点的
透视图

之前也介绍过，在透视图中如果有多座建筑，则有可能会出现一张透视图中共存多个灭点的情况，也会出现一张透视图中共存一点透视和两点透视的情况。

各自的灭点

有的建筑顶部具有一定的倾斜角度，因此屋顶的灭点会与其他建筑构件的灭点不同，以下分别介绍其出现在一点透视图和两点透视图中的情况。

出现于一点透视图中时

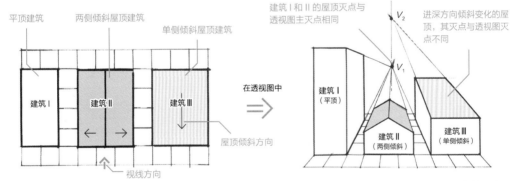

三种不同屋顶的建筑并列在一条街上。

当屋顶在进深方向有倾斜角度时，屋顶的灭点位置会与透视图灭点 ❶ 不同。

出现在两点透视图中时

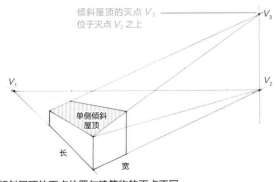

倾斜屋顶的灭点位置与建筑物的灭点不同。

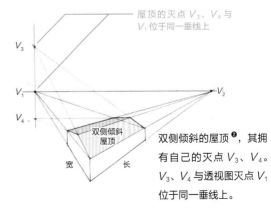

双侧倾斜的屋顶 ❷，其拥有自己的灭点 V_3、V_4。V_3、V_4 与透视图灭点 V_1 位于同一垂线上。

❶ 一点透视图中主要建筑的灭点称作透视图灭点。
❷ 屋顶倾斜角度不同，屋顶灭点的位置也会改变。

57

3.3
从立面图到透视图:
木结构建筑篇

本节介绍常见的各种木结构建筑由立面图生成透视图的绘制方法。

木结构建筑其屋顶都有出檐,不同屋顶形状的木结构建筑分别有自己的名称,练习木结构建筑透视图时不应太在意屋顶形状,而应更注意对建筑整体形状的把握。

不同屋顶的木结构建筑

屋顶是构成建筑外部形象的重要因素之一,一般木结构屋顶的倾斜度为 3/10 ~ 5/10,以下介绍不同屋顶的建筑名称。

屋顶的种类

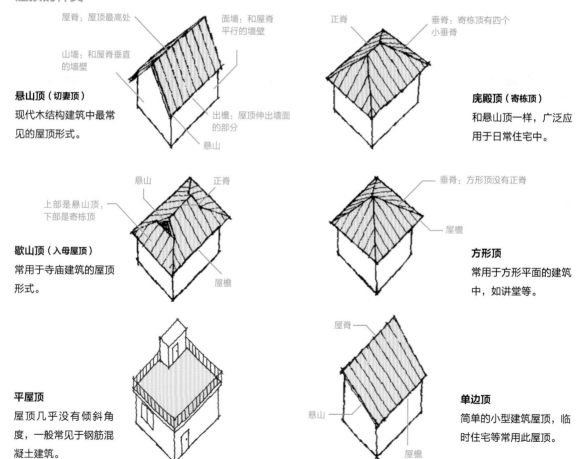

悬山顶(切妻顶)
现代木结构建筑中最常见的屋顶形式。

歇山顶(入母屋顶)
常用于寺庙建筑的屋顶形式。

平屋顶
屋顶几乎没有倾斜角度,一般常见于钢筋混凝土建筑。

庑殿顶(寄栋顶)
和悬山顶一样,广泛应用于日常住宅中。

方形顶
常用于方形平面的建筑中,如讲堂等。

单边顶
简单的小型建筑屋顶,临时住宅等常用此屋顶。

注:日本的建筑屋顶形制与中国传统建筑类似,但仍有所区别。本书遵从日文原著的说法。

屋顶的结构

虽然在透视图中屋顶的结构很少表现得非常细致，但了解建筑屋顶构造有利于更好地绘制透视图。木结构建筑的屋顶由一层一层材料铺设组成。

铺瓦屋顶

铺瓦屋顶有平瓦和圆瓦交替铺设的真瓦屋顶和右图所示的波浪形瓦片铺设的浅瓦屋顶两种。因施工快、构造简单，现代住宅中多使用浅瓦屋顶

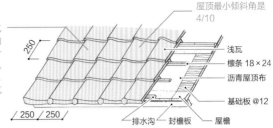

屋顶最小倾斜角是4/10

浅瓦
檩条 18×24
沥青屋顶布
基础板 @12
排水沟　封檐板　屋檐

铜板屋顶

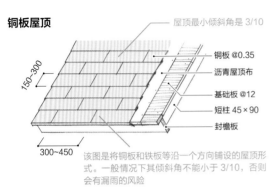

屋顶最小倾斜角是 3/10

铜板 @0.35
沥青屋顶布
基础板 @12
短柱 45×90
封檐板

该图是将铜板和铁板等沿一个方向铺设的屋顶形式。一般情况下其倾斜角不能小于 3/10，否则会有漏雨的风险

瓦棒屋顶

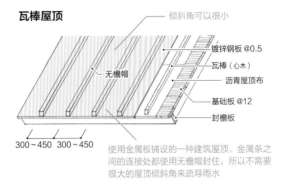

倾斜角可以很小

镀锌钢板 @0.5
瓦棒（心木）
沥青屋顶布
基础板 @12
封檐板

使用金属板铺设的一种建筑屋顶，金属条之间的连接处都使用无檐帽封住，所以不需要很大的屋顶倾斜角来疏导雨水

无檐帽

第1章　建筑基础知识

第2章　透视图的基础知识

第3章　建筑透视图

第4章　室内透视图

第5章　风景、街景的画法

第6章　阴影的画法

单边顶木结构建筑的外部透视图

将单边顶建筑的山墙作为一点透视图的正立面图，可以使屋顶和建筑本体的灭点重合，降低透视图的绘制难度。如果将灭点放在建筑上方，则可以很好地表现屋顶的形状。

1

将单边顶建筑的山墙面作为透视图的正立面，并将灭点定在较高的位置。

V　▼EL
灭点高度和视线高度相同

▼ GL

（参考）

平面图

LDK　阳台

2

连接灭点 V 和建筑立面各角。

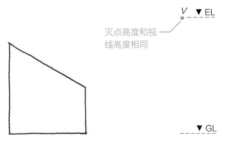

3

确定适当的建筑进深。

建筑进深

山墙面的两根屋顶边线要互相平行

平行

4

将屋顶四等分。

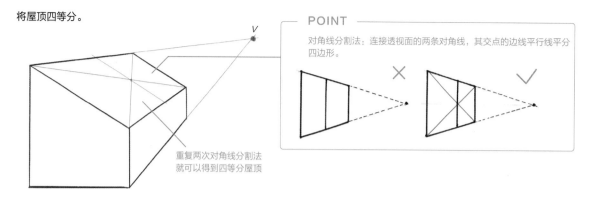

重复两次对角线分割法就可以得到四等分屋顶

POINT

对角线分割法：连接透视面的两条对角线，其交点的边线平行线平分四边形。

5

清除辅助线并绘制其他结构线。

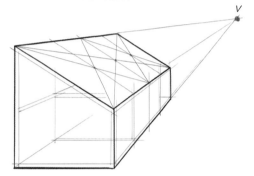

6

绘制细节，完成。

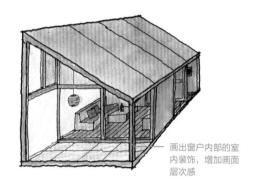

画出窗户内部的室内装饰，增加画面层次感

悬山顶建筑的一点透视图

木结构建筑的屋顶，其灭点往往与建筑本体不同。以下介绍悬山屋顶建筑的透视画法（本部分面向熟练掌握透视图画法的学生）。

1

绘制悬山顶建筑的立面图。

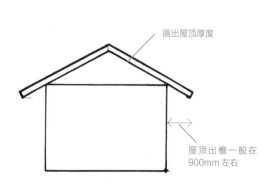

画出屋顶厚度

屋顶出檐一般在900mm左右

2

选取灭点 V，并与屋顶各角相连。

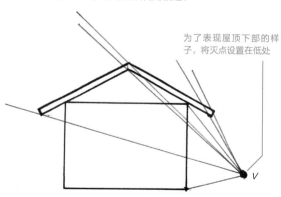

为了表现屋顶下部的样子，将灭点设置在低处

V

3

绘制适当的悬山出檐距离。

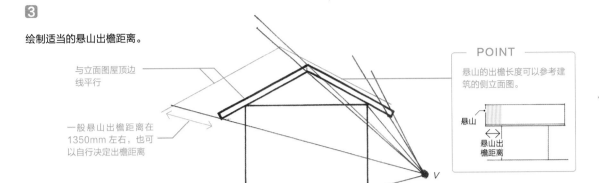

与立面图屋顶边线平行

一般悬山出檐距离在1350mm左右，也可以自行决定出檐距离

POINT

悬山的出檐长度可以参考建筑的侧立面图。

悬山

悬山出檐距离

V

4

绘制建筑本体的透视图。

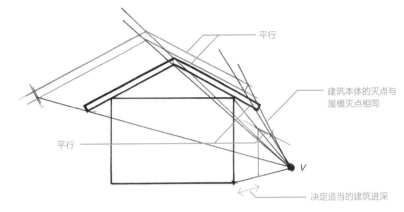

平行

建筑本体的灭点与屋檐灭点相同

平行

V

决定适当的建筑进深

5

清除辅助线并绘制其他结构线。

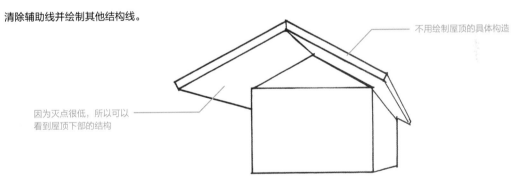

不用绘制屋顶的具体构造

因为灭点很低，所以可以看到屋顶下部的结构

6

上色，完成一个和风茶室的透视图。

和风建筑出檐较远

茶室常见的半室外空间

第1章 建筑基础知识

第2章 透视图的基础知识

第3章 建筑透视图

第4章 室内透视图

第5章 风景·街景的画法

第6章 阴影的画法

3.4
从立面图到透视图：
RC 结构建筑篇

R C 结构建筑是指用钢筋和混凝土为主要建造材料的现代建筑，也称为钢筋混凝土建筑或钢混建筑。

一般来说，RC 结构建筑比木结构建筑的造价高，但其承重性能和防撞防震性能明显优于木结构建筑。因此常应用于高层及集体住宅之中。

RC 结构建筑的构造特征

利用钢筋增强的混凝土建造柱梁的建筑称为 RC 结构建筑。其外观特征是有大面积的平屋顶。RC 结构的建筑柱梁尺寸明显大于木结构的构造尺寸。

RC 结构的特点是什么?

钢筋混凝土结构不像木结构，没有层数楼高的限制，因此在高层及集体住宅项目中得到广泛应用。它的层高、跨距、柱子和梁的尺寸都有参考值。

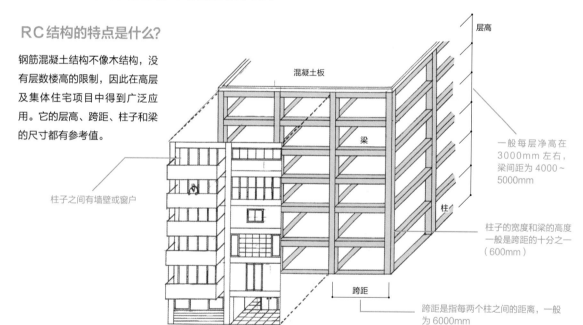

柱子之间有墙壁或窗户

层高

混凝土板

梁

柱

一般每层净高在 3000mm 左右，梁间距为 4000~5000mm

柱子的宽度和梁的高度一般是跨距的十分之一（600mm）

跨距

跨距是指每两个柱之间的距离，一般为 6000mm

让透视图更像 RC 结构

RC 结构以其大面积平屋顶为特征，因此在透视图中如果能表现出大面积平屋顶及其构造，将使透视图看起来更像 RC 结构建筑。

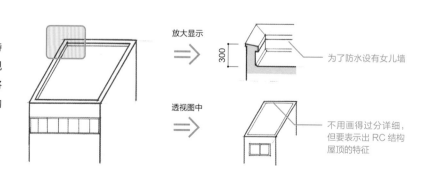

放大显示

⇒

300

为了防水设有女儿墙

透视图中

⇒

不用画得过分详细，但要表示出 RC 结构屋顶的特征

有小型中庭的RC结构建筑的一点透视图

以下介绍一个两层的RC结构建筑的一点透视图画法。建筑进深方向平分为三段，其中间一段是一个小型中庭。

1

准备一张建筑正立面图，如果没有也可以绘制透视图，但利用立面图绘制透视图可以节省大量时间。

立面图

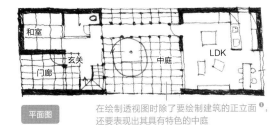

平面图

在绘制透视图时除了要绘制建筑的正立面❶，还要表现出其具有特色的中庭

2

连接灭点 V 与立面图的各角。

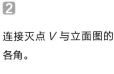

为了在透视图中表现出中庭，将灭点设置在了建筑的右上方

3

决定适当的建筑进深。

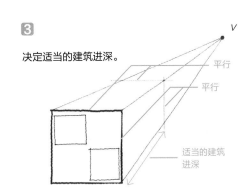

平行

平行

适当的建筑进深

4

将进深方向的建筑平分为三段。

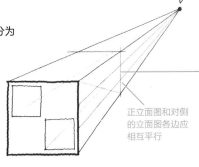

正立面图和对侧的立面图各边应相互平行

┌ **POINT** ─

在对角线与水平三等分线的交点作垂线，就可以得到垂直三等分线。

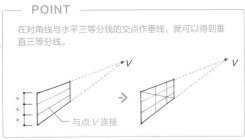

与点 V 连接

5

绘制细节并上色，完成。

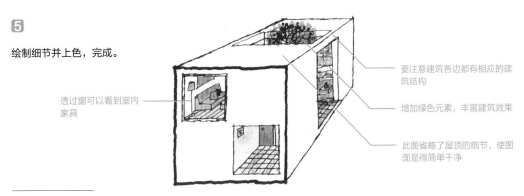

透过窗可以看到室内家具

要注意建筑各边都有相应的建筑结构

增加绿色元素，丰富建筑效果

此图省略了屋顶的细节，使图面显得简单干净

---

❶ 建筑的正立面一般是指玄关一侧的立面。

第 1 章 建筑基础知识

第 2 章 透视图的基础知识

第 3 章 建筑透视图

第 4 章 室内透视图

第 5 章 风景・街景的画法

第 6 章 阴影的画法

复杂立面的RC结构建筑的一点透视图

之前介绍过透视图中墙壁的不等分法（详见本书49页），以下介绍不等分立面的RC结构建筑的一点透视图画法。

1

将正立面图与侧立面图连接，确定灭点的位置。

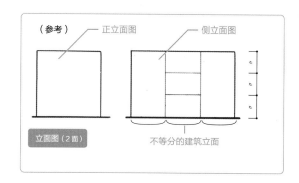

2

连接A、B与灭点V，并在右图所示的位置绘制建筑侧立面图。

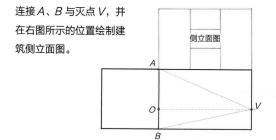

3

连接点O与点C、D、E。

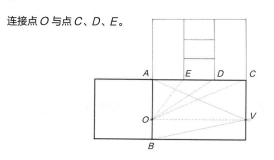

4

从相交点作垂线，得到分割好的透视立面图。

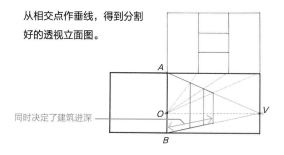

5

连接AB的三等分点与点V，绘制侧面中间部分的三等分线。

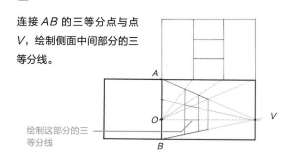

6

清除辅助线并绘制其他结构线。

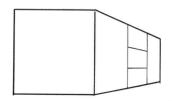

7

上色、完成。

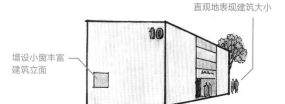

3.5
由立面图绘制
多窗的建筑

本节专门介绍建筑物上窗户的透视画法，虽然从正面看，窗户好像与立面在同一平面中，但实际上窗户多半都是突出或缩进墙内的。在大型建筑透视图中不需要表达得如此细致，但在小型建筑透视图中则应表示出立面的凹凸感，这样才能更好地表达建筑形象。

第1章 建筑基础知识

第2章 透视图的基础知识

第3章 建筑透视图

第4章 室内透视图

第5章 风景、街景的画法

第6章 阴影的画法

开窗部位的基本构成

我们可以从透视图的表现内容决定是否添加开窗的凸凹细节，以下我们介绍开窗部位的基本构成。

开窗种类

日本的建筑多用双轨推拉窗，平开窗比较少见。

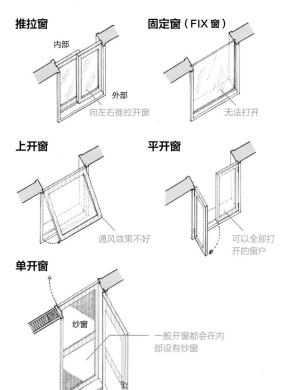

推拉窗右侧靠前

从室内方向看，一般推拉窗的右侧窗更靠近室内。

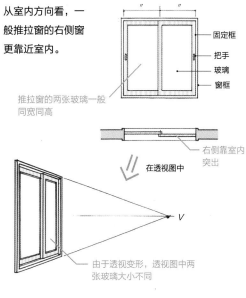

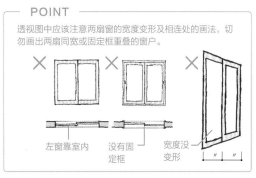

65

开窗部分的详细构造

下面两张图介绍开窗部位的详细构造，左侧是木结构建筑的开窗详图，右侧是钢混结构的开窗详图。

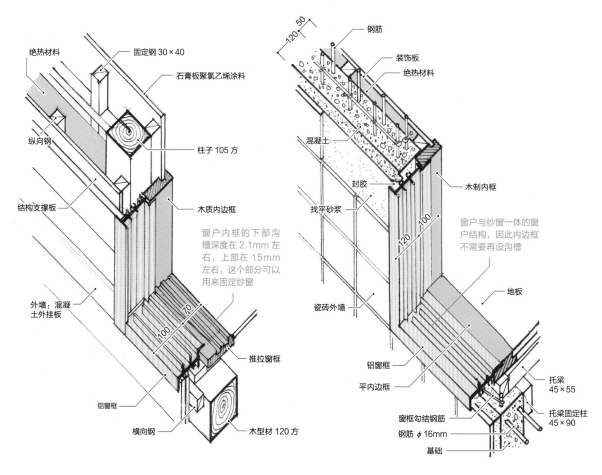

绝热材料

固定钢 30×40

石膏板聚氯乙烯涂料

纵向钢

柱子 105 方

结构支撑板

木质内边框

窗户内框的下部沟槽深度在 2.1mm 左右，上部在 15mm 左右，这个部分可以用来固定纱窗

外墙：混凝土外挂板

推拉窗框

铝窗框

横向钢

木型材 120 方

50

120

钢筋

装饰板

绝热材料

混凝土

封胶

找平砂浆

木制内框

窗户与纱窗一体的窗户结构，因此内边框不需要再设沟槽

地板

瓷砖外墙

铝窗框

平内边框

托梁 45×55

托梁固定柱 45×90

窗框勾结钢筋

钢筋 φ16mm

基础

多窗的 L 形建筑的一点透视图

以下介绍 L 形立面的双层钢混结构建筑的一点透视图画法，注意透视方向（建筑进深方向）的窗户会发生变形。

绘制建筑立面图，并将各角与任意一点 V（灭点）相连。

灭点一般在建筑立面右侧，如果在左侧则无法表现 L 形建筑变化的立面效果

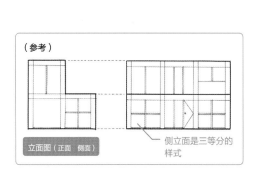

（参考）

立面图（正面 侧面）

侧立面是三等分的样式

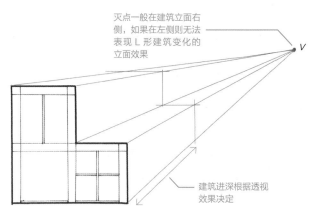

V

建筑进深根据透视效果决定

2

将各层分界点与点 V 相连，并绘制侧立面图各部分立面的对角线，从其交点作垂线得到三等分的侧立面。

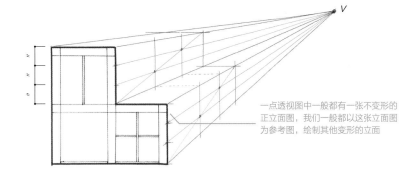

一点透视图中一般都有一张不变形的正立面图，我们一般都以这张立面图为参考图，绘制其他变形的立面

3

绘制各层开窗，并利用对角线分割法得到进深方向的开窗位置。

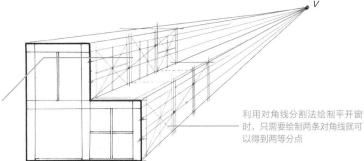

注意进深方向的开窗位置要根据对角线分割法求得，绝不可平分立面

利用对角线分割法绘制平开窗时，只需要绘制两条对角线就可以得到两等分点

4

绘制细节，完成。

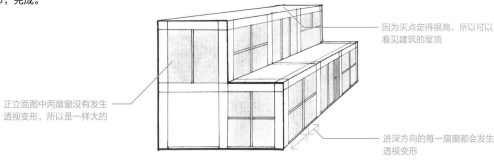

因为灭点定得很高，所以可以看见建筑的屋顶

正立面图中两扇窗没有发生透视变形，所以是一样大的

进深方向的每一扇窗都会发生透视变形

开窗部位的室内外画法

因为室内外需要表达的透视图细节不同，所以开窗部位绘制的方式也不同。室外透视图一般要表达建筑整体的形象，所以开窗部位不需要绘制得很详细，但是在室内透视图中，开窗部位是很重要的空间元素，因此要表达得很详细。如右图就是室内效果图中开窗部位需要表达的深度，与室外的建筑效果图不同，窗台进深，开窗方式及各种小部件都表达出来，如此才能绘制出完整、饱满的室内效果图。

COLUMN

可以看出室内一侧的木质边框要比周边的墙壁突出来一点

第 1 章 建筑基础知识

第 2 章 透视图的基础知识

第 3 章 建筑透视图

第 4 章 室内透视图

第 5 章 风景、街景的画法

第 6 章 阴影的画法

3.6
由立面图绘制圆筒状建筑

本节介绍圆筒状建筑的透视图画法。徒手画圆是一件很困难的事，更何况圆筒状建筑的透视图需要绘制的还是变形后的圆，因此本节介绍的内容十分具有挑战性。

然而，其实困难的只是圆的绘制，其他部分与之前介绍的透视图画法并没有区别，因此只要多加练习，掌握圆的画法就可以掌握圆筒状建筑的透视图画法。

透视圆

首先我们介绍由辅助正方形生成圆的画法，只要多加练习，以后就可以脱离正方形直接绘制出标准的圆。后面我们会介绍圆形桌子的透视图画法。

圆的画法

各边的中点 A、B、C、D，以及对角线与以 4：10 比例分割半径的线（虚线）的交点 E、F、G、H，是绘制标准圆的八个辅助点，依次连接各点得到标准圆。

半径以 4：10 的比例分割，准确的画法是 $(\sqrt{2}-1):1$

10　4

绘制圆的一点透视图

1
绘制一点透视图的正方形，连接各边中点与对角线。

V

A
D　　B
C

2
底边以 4：10 的比例取点，并将点与灭点 V 相连。

V

A
H　　E
D　　B
G　　F
C

4　10　10　4

3
依次连接八个点，得到圆的一点透视图。

V

POINT

绘制正方形的一点透视图时，进深也可任意决定，当然也可以参照右图介绍的方法绘制。

由灭点 V 向正方形 $ABCD$ 作垂线

V
D　　C
A　O　B

连接垂点 O 与点 C、D

V
D　　C
A　O　B

连接两相交点与 AB，得到正方形的透视图

V
A　O

下面尝试绘制圆桌的一点透视图

1⃣

绘制圆桌的正立面图。

我们将以这张正
立面图为参考图
绘制透视图

2⃣

在立面图上方确定灭点 V 的位置
并与立面图各角相连。

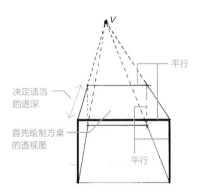

决定适当
的进深

首先绘制方桌
的透视图

平行

平行

3⃣

连接对角线与 4：10 分割线，得
到透视圆的辅助线。

V

4：10 分割线

4⃣

依次将八个点相
连，并绘制桌脚。

5⃣

绘制细节，完成。

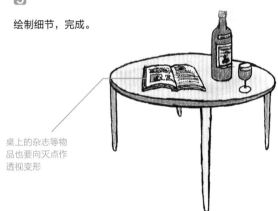

桌上的杂志等物
品也要向灭点作
透视变形

圆筒形电话亭的一点透视图

由长方体生成圆柱体的透视图。

1⃣

首先绘制一张简单的
立面图，然后决定灭
点 V 的位置并与立
面图各角相连。

（参考）

平面图　　　立面图

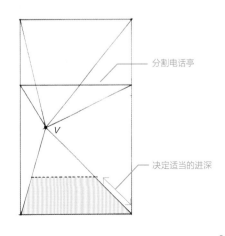

分割电话亭

V

决定适当的进深

第 1 章 建筑基础知识

第 2 章 透视图的基础知识

第 3 章 建筑透视图

第 4 章 室内透视图

第 5 章 风景、街景的画法

第 6 章 阴影的画法

2

在屋顶及分割线上也
绘制透视方形，并将
各方形的对角线及各
边中点相连。

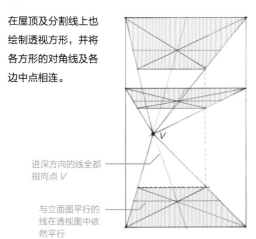

进深方向的线全都
指向点 V

与立面图平行的
线在透视图中依
然平行

3

得到辅助方形的
4：10 分割线。
绘制透视圆。

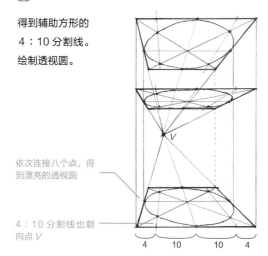

依次连接八个点，得
到漂亮的透视圆

4：10 分割线也朝
向点 V

4　10　10　4

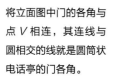 **4**

将立面图中门的各角与
点 V 相连，其连线与
圆相交的线就是圆筒状
电话亭的门各角。

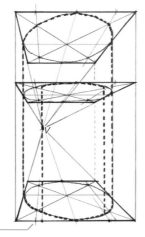

将门各角与点 V
相连

5

绘制细节，完成。

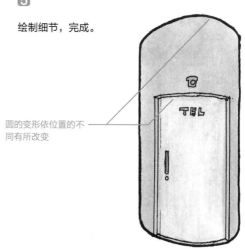

圆的变形依位置的不
同有所改变

黄金比例与漂亮的正立面

　　很多传统建筑都采用黄金比、白银比的概念，由这个比例绘制出的立面具有协调的美感。在绘制透视图时参考立面设计为黄金比或白银比的立面，就可以得到漂亮协调的透视图。

COLUMN

黄金比

1.6

1

宽 5m、高 8m 的三层住
宅满足黄金比例

白银比

1.4

1

宽 5m、高 7m 的两层住宅
满足白银比例

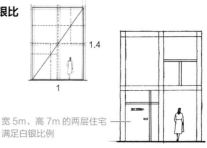

圆的两点透视图画法

圆的两点透视图画法和一点透视图画法没有本质区别，区别在于两点透视图中 4：10 分割线很难得到，以下详细介绍圆的两点透视图画法。

1

绘制正方形 $ABCD$ 的两点透视图。

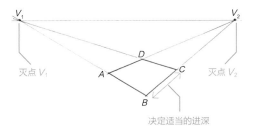

灭点 V_1　　　　　灭点 V_2

决定适当的进深

2

连接各边中点与对角线。

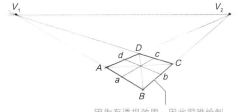

因为有透视效果，因此很难绘制
4：10 分割线

3

绘制垂线 BE 并生成方形 $ABEF$，绘制 BF 的
4：10 分割线，并绘制对角线 BF。

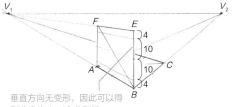

垂直方向无变形，因此可以得
到准确的 4：10 分割线

4

从 4：10 分割线与对角线的交点向 AB 边作垂
线，得到 AB 边的 4：10 分割点。

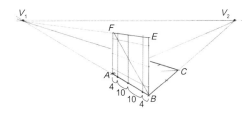

5

连接 AB 的 4：10 分割点与 V_2，与步骤 2 中
的对角线的交点就是圆的辅助点 e、f、g、h。

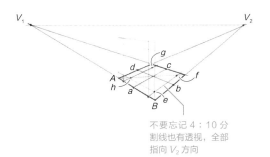

不要忘记 4：10 分
割线也有透视，全部
指向 V_2 方向

6

连接八个辅助点，得到圆的两点透视图。

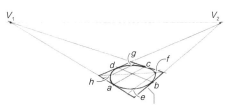

其实原理相同，但是因为两点透视图中的方形两边都
有透视效果，因此过程较为繁琐

第1章 建筑基础知识

第2章 透视图的基础知识

第3章 建筑透视图

第4章 室内透视图

第5章 风景·街景的画法

第6章 阴影的画法

3.7

由平面图绘制

钢混高楼

这一节我们介绍由屋顶平面图生成钢混高楼一点透视图的方法。

这种一点透视图可以很好地表达建筑高度，常用于绘制建筑的鸟瞰图。鸟瞰图，就是想象天上飞翔的鸟的视角，以此视角观察建筑时看到的景象。

视线高度与灭点的关系

简单来说，就是将之前学过的一点透视图上下颠倒。灭点位于地面下方，视点位于建筑上方。

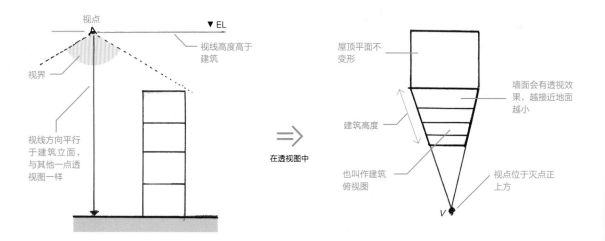

四层高钢混建筑的鸟瞰图

在这里我们介绍四层钢混建筑的鸟瞰一点透视图画法，因为想要表达立面的凹凸感，我们选一个可以看见两面立面的角度。

1

为了表示建筑的两个立面，我们将屋顶平面图转一个角度。

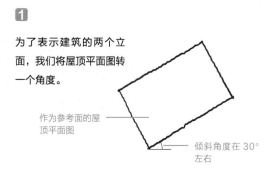

作为参考面的屋顶平面图

倾斜角度在 30° 左右

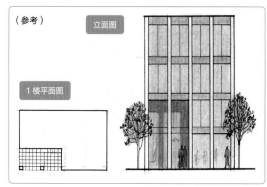

（参考）　立面图

1楼平面图

2

在下方确定灭点 V，并与屋顶平面图各角相连。

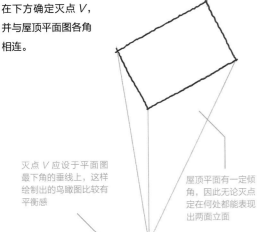

灭点 V 应设于平面图最下角的垂线上，这样绘制出的鸟瞰图比较有平衡感

屋顶平面有一定倾角，因此无论灭点定在何处都能表现出两面立面

3

决定适当的建筑高度，绘制建筑轮廓。

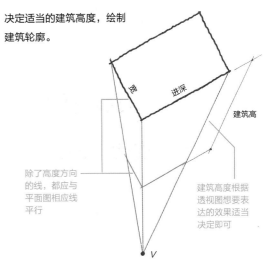

宽　进深

建筑高

除了高度方向的线，都应与平面图相应线平行

建筑高度根据透视图想要表达的效果适当决定即可

4

将墙面分为 4 × 4 的方格（进深方向四等分 + 四层高），首先作建筑进深方向的四等分线。

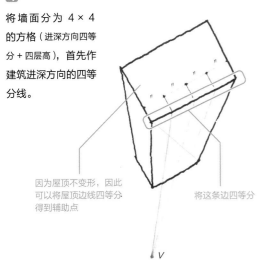

因为屋顶不变形，因此可以将屋顶边线四等分得到辅助点

将这条边四等分

5

作建筑高度方向的四等分线，由对角线与进深方向四等分线的交点作平行线，得到高度方向的四等分线。

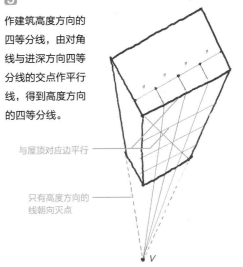

与屋顶对应边平行

只有高度方向的线朝向灭点

6

绘制柱梁等建筑结构。

实际建筑中，越靠近地面的柱梁可能会越宽，但是透视图中不需要表达得那么仔细，只要符合透视原理即可

7

绘制细节，完成。

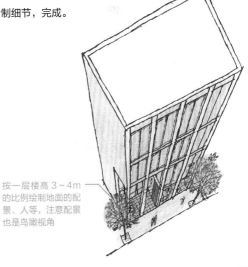

按一层楼高 3～4m 的比例绘制地面的配景、人等，注意配景也是鸟瞰视角

第 1 章　建筑基础知识

第 2 章　透视图的基础知识

第 3 章　建筑透视图

第 4 章　室内透视图

第 5 章　风景·街景的画法

第 6 章　明影的画法

73

以下介绍四层高圆筒型钢混建筑的一点鸟瞰透视图画法，此建筑立面由玻璃幕墙构成 ❶。

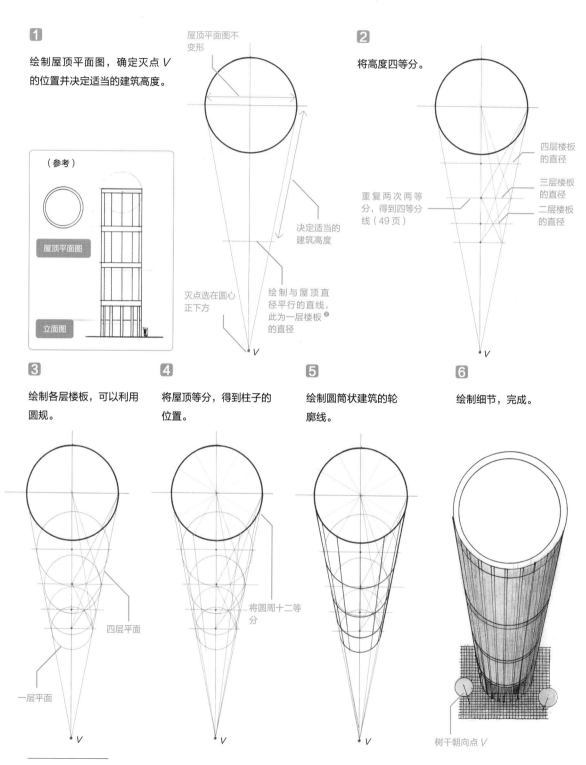

1

绘制屋顶平面图，确定灭点 V 的位置并决定适当的建筑高度。

屋顶平面图不变形

（参考）

屋顶平面图

立面图

决定适当的建筑高度

灭点选在圆心正下方

绘制与屋顶直径平行的直线，此为一层楼板❷的直径

2

将高度四等分。

四层楼板的直径

三层楼板的直径

二层楼板的直径

重复两次两等分，得到四等分线（49页）

3

绘制各层楼板，可以利用圆规。

四层平面

一层平面

4

将屋顶等分，得到柱子的位置。

将圆周十二等分

5

绘制圆筒状建筑的轮廓线。

6

绘制细节，完成。

树干朝向点 V

---

❶ 指外壁材料全部为玻璃的建筑。
❷ 在作图时 1FL=GL。

建筑透视图

3.8
复杂形状的建筑

建 筑物不只局限于方形、圆形等简单的造型，像 L 形、凹形建筑也非常常见。如何选择透视图构图，表达这些建筑的特点，是这一章节的主要讨论内容。

选择哪个面为主绘制透视图

即选择什么图作为复杂建筑透视图的参考图？什么时候选择俯瞰图？什么时候选择一点透视图？

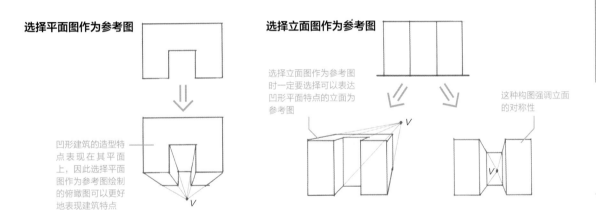

选择平面图作为参考图

凹形建筑的造型特点表现在其平面上，因此选择平面图作为参考图绘制的俯瞰图可以更好地表现建筑特点

选择立面图作为参考图

选择立面图作为参考图时一定要选择可以表达凹形平面特点的立面为参考图

这种构图强调立面的对称性

复杂形状建筑的一点透视图

下面我们来绘制玻璃幕墙立面的 L 形平面钢混建筑的一点透视图。

1

将平面图作一定倾角，突出表达凹凸的立面效果。

将变形多的立面定为透视图正面

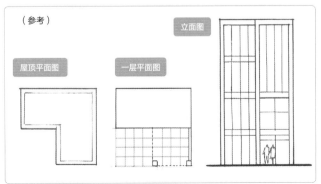

（参考）

立面图

屋顶平面图

一层平面图

在建筑下方选择一点 V 为灭点，与各
角相连。

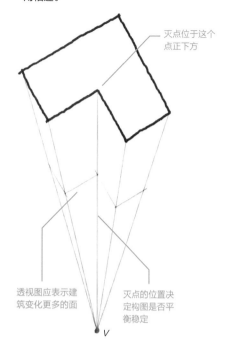

灭点位于这个
点正下方

透视图应表示建
筑变化更多的面

灭点的位置决
定构图是否平
衡稳定

V

3

将高度方向四等分，得到四层分割点。

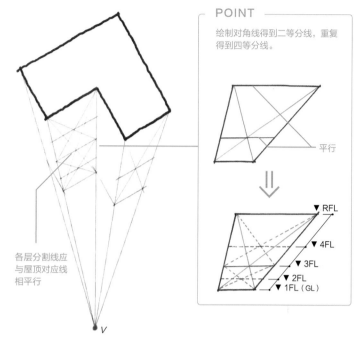

各层分割线应
与屋顶对应线
相平行

POINT

绘制对角线得到二等分线，重复
得到四等分线。

平行

▼ RFL
▼ 4FL
▼ 3FL
▼ 2FL
▼ 1FL（GL）

4

绘制各层玻璃幕墙立面。

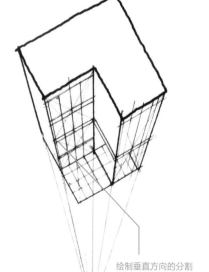

绘制垂直方向的分割
线，强调玻璃幕墙的
存在感

V

5

绘制细节，添加配景，完成。

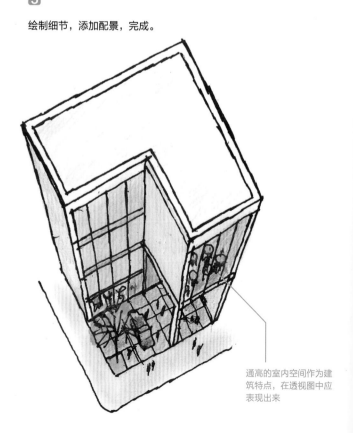

通高的室内空间作为建
筑特点，在透视图中应
表现出来

利用方格绘制复杂形状建筑的一点透视图

　　复杂形状的建筑透视图难以绘制，但是将其放在方格纸上，我们会发现其实复杂的形状是由很多个基础形状组成的。下面我们介绍 L 形建筑的辅助方格一点透视图画法。

1

将建筑平面嵌入到方格中。

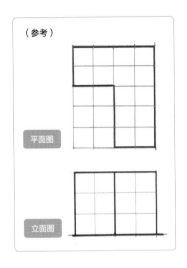

（参考）

平面图

立面图

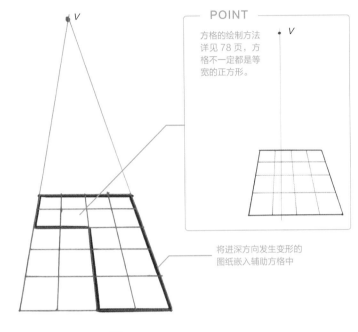

POINT

方格的绘制方法详见 78 页，方格不一定都是等宽的正方形。

将进深方向发生变形的图纸嵌入辅助方格中

2

绘制建筑的正立面，并将各角与灭点相连。从建筑轮廓绘制垂线与透视线相交，可以很简单地得到对应的建筑屋顶平面图。

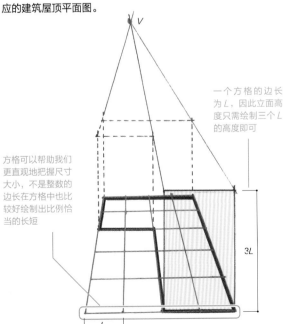

一个方格的边长为 L，因此立面高度只需绘制三个 L 的高度即可

方格可以帮助我们更直观地把握尺寸大小，不是整数的边长在方格中也比较好绘制出比例恰当的长短

$3L$

L

一个方格的边为 L

3

清除辅助线，完成。

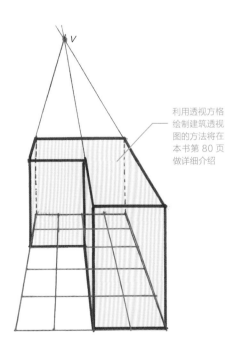

利用透视方格绘制建筑透视图的方法将在本书第 80 页做详细介绍

第1章 建筑基础知识

第2章 透视图的基础知识

第3章 建筑透视图

第4章 室内透视图

第5章 风景、街景的画法

第6章 阴影的画法

3.9
透视方格的
绘制方法

透视方格法可以降低透视图的绘制难度。因为透视方格也符合透视图的变形原则，所以绘制起来并不难。透视方格法常用于由平面图绘制复杂建筑的透视图。

一点透视图的正方形透视方格

以下介绍 4×4 的一点透视方格的绘制方法。另外，笔者常用的进深决定方法也可作为参考。

1

如右图所示绘制一条水平线，在上方确定灭点 V 的位置，并作垂线得到垂点 O。

（参考）

平面图（方格）

V 的位置越高，视线高度越高

绘制四段等长的线段

2

连接线段各点与灭点 V。

3

绘制与水平线段等长的垂线于水平线一侧，并将四分点与点 O 相连。

4 格长的线

4

从两组线的交点作水平线，得到透视方向上的方格线。

5

清除辅助线，完成。

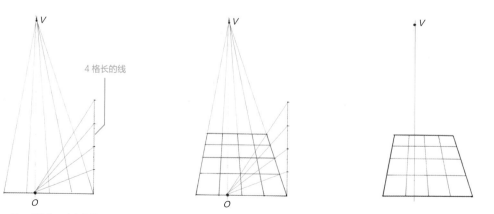

注：建筑物因种类多样，只用单纯一种透视方格很难绘制所有透视图。如绘制室内效果图时常利用立体方格作为辅助，这种方格可以同时辅助绘制天花、墙面、地板与家具，十分便利（详见 107 页）。

一点透视图的长方形透视方格

这次我们制作 4×5 的长方形透视方格，透视方格中每一个方格依然是正方形。

1

绘制四分水平线，并确定灭点 V 的位置，作垂线得到垂点 O。

（参考）

平面图
（方格）

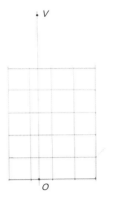

2

连接底边线两端点与灭点 V，最右端线上的各点与点 O，得到透视进深方向的方格线控制点。

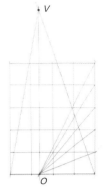

3

由交点作水平线得到方格进深方向的边线。

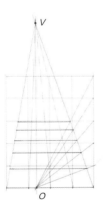

4

清除辅助线，完成。

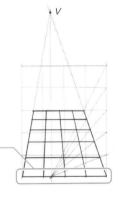

可见透视图中只有最靠近绘图者一侧的边线，其长度不会发生变化

透视方格的绘制原则

  一点透视图中，进深方向的线都会汇聚于一点 V。其实不只是进深方向的线，所有平行的变形线都将汇聚于视线高度上的同一点。如透视方格中的两组对角线也会汇聚于视线高度上的两点 V_2 和 V_3 上。掌握这条规则对于我们熟练掌握透视图的绘制方法很有帮助。

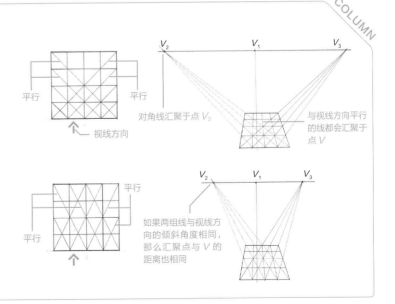

平行　平行

视线方向

对角线汇聚于点 V_2

与视线方向平行的线都会汇聚于点 V

平行　平行

如果两组视线与视线方向的倾斜角度相同，那么汇聚点与 V 的距离也相同

COLUMN

第1章 建筑基础知识

第2章 透视图的基础知识

第3章 建筑透视图

第4章 室内透视图

第5章 风景·街景的画法

第6章 阴影的画法

3.10
由透视方格
绘制透视图

建筑不只是正方体或长方体盒子，实际的建筑物更多以较为复杂的样式存在于我们的生活中。建筑的排列方式也不是固定的，有简单的，曲线的、环形的排列也并不少见。绘制这一类建筑物时，如果能熟练应用辅助方格，将会极大地降低绘制难度。

倾斜墙面建筑的透视图

首先我们要找到合适大小的方格，建筑各角应对应到方格的各角。

1

将建筑物平面图嵌入到方格中，并绘制出灭点 V_1，两面斜墙的灭点 V_2、V_3 与 V_1 在同一水平线上。

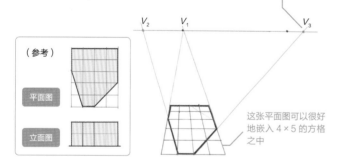

倾斜墙面的建筑，其各墙灭点不在同一点上

（参考）

平面图

立面图

这张平面图可以很好地嵌入 4×5 的方格之中

2

绘制正立面（两格高），并将正立面两角与灭点 V_2、V_3 相连。从平面图中的各端点向上作垂线，前两条垂线与上一步的连线交于点 A、B，得到了斜墙的高度。

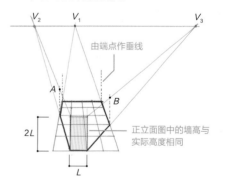

由端点作垂线

A

B

$2L$

L

正立面图中的墙高与实际高度相同

3

连接其余点，得到透视图轮廓线。

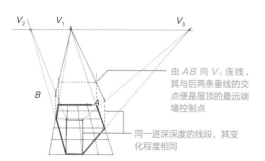

B

A

由 AB 向 V_1 连线，其与后两条垂线的交点便是屋顶的最远端墙控制点

同一进深深度的线段，其变化程度相同

4

清除辅助线，完成。

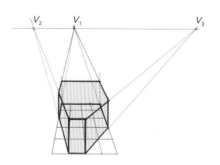

很多建筑共存的透视图（彼此平行）

当透视图中存在很多个建筑时，利用透视方格可以很好地把握它们之间的距离及比例。以下介绍两栋平行的建筑的一点透视图画法。

两张正立面位于同一直线上时

1

首先将两张平面图按实际距离嵌入方格之中。

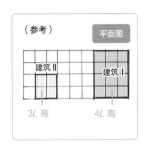

2

绘制两栋建筑的正立面图，并将各角与灭点 V 相连。

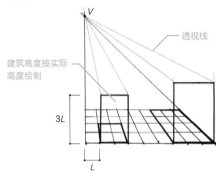

因为两栋建筑物彼此平行，所以灭点相同

透视线

建筑高度按实际高度绘制

3

由平面图各角作垂线，与透视线相交点即为透视图各边控制点。可以很简单地绘制出透视图轮廓。

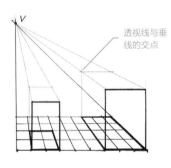

透视线与垂线的交点

4

清除辅助线，完成。

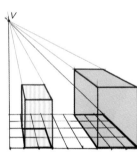

两张正立面不位于同一直线上时

1

将平面图嵌入方格中。

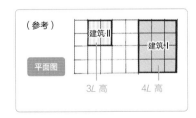

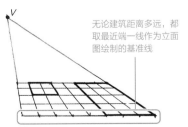

无论建筑距离多远，都取最近端一线作为立面图绘制的基准线

2

依然在最靠近绘图者一侧绘制正立面图。并取各角垂线与透视线交点，彼此相连即可。

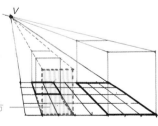

绘制时可以假设最前方有一面 2×3 的墙壁

3

清除辅助线，完成。

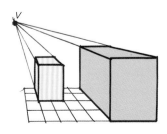

第 1 章 建筑基础知识

第 2 章 透视图的基础知识

第 3 章 建筑透视图

第 4 章 室内透视图

第 5 章 风景、街景的画法

第 6 章 阴影的画法

其实生活中很多建筑并不一定彼此平行排列，这一类情况依然可以借助透视方格绘制。

规整建筑与倾斜建筑最前端在同一直线上

1

将建筑平面嵌入合适的方格中，作斜墙延长线与 V_1 的水平线相交于灭点 V_2、V_3（宽度与进深方向的灭点）。

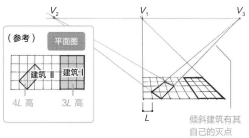

2

绘制正立面图（倾斜建筑绘制最近端边线）。与彼此灭点相连，同平面图各角的垂线相交点即为透视图轮廓控制点。

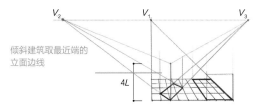

3

将建筑I的立面图各角与 V_1 相连，再从平面图的各角向上作垂线，连接各轮廓控制点，得到透视图轮廓线。

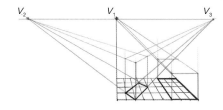

4

清除辅助线，完成。

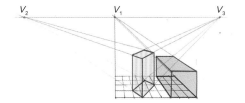

规整建筑与倾斜建筑最前端不在同一直线上

1

将建筑平面嵌入合适的方格之中。

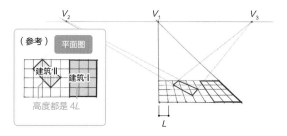

2

建筑I的绘制方法不变。将建筑II的一条边作延长线延伸到最近端水平线上。从两线交点上绘制 $4L$ 高的垂直线。

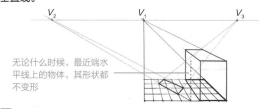

3

先做延伸边一侧平面的透视线，得到延伸方向的立面轮廓，即下图中的 AB 墙。然后按照左侧方法绘制其余线。得到透视图轮廓线。

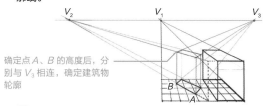

4

清除辅助线，完成。

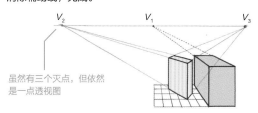

第 1 章 建筑基础知识

第 2 章 透视图的基础知识

第 3 章 建筑透视图

第 4 章 室内透视图

第 5 章 风景、街景的画法

第 6 章 阴影的画法

建筑透视图

3.11
镜面与水面中
倒影的建筑

玻 璃包裹❶的建筑是现代建筑的一大类型之一。为了更好地表达这一类建筑的立面材质感，我们有时需要绘制其他建筑在其幕墙上的倒影。倒影中的建筑与其余建筑共享同一灭点❷，因此绘制起来难度并不高。本节我们详细介绍这一类建筑的倒影画法。

镜面建筑的一点透视图①

下面介绍一个 L 形镜面建筑的一点透视图绘制方法。此建筑中厅正立面为镜面。让我们来看看如何在镜面中绘制反射的建筑倒影吧。

1

决定适当的灭点位置并绘制建筑的一点透视图轮廓。

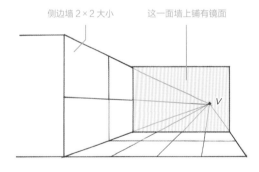

侧边墙 2×2 大小　这一面墙上铺有镜面

2

透视线不变，连接点 *A* 与 *CD* 边中点，得到 *CB′*，此边即为镜中的 *BC* 边。

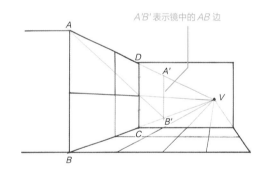

A′B′ 表示镜中的 *AB* 边

3

根据 *CB′* 的长度绘制镜面中其余边，注意透视点不会改变。

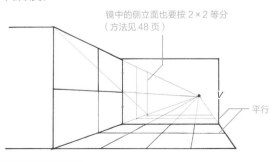

镜中的侧立面也要按 2×2 等分（方法见 48 页）

平行

4

绘制细节，清除辅助线，完成。

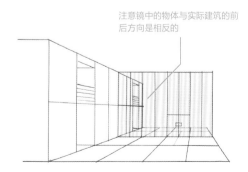

注意镜中的物体与实际建筑的前后方向是相反的

---

❶ 由于幕墙玻璃一般会铺贴一层金属膜，因此兼具通透度与反射度。
❷ 指视线前方的灭点。

以下我们来介绍侧边镜面建筑的一点透视图画法。

1

首先绘制建筑的一
点透视图。

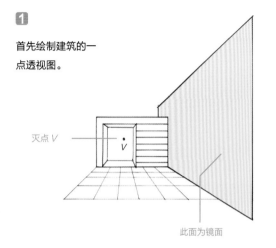

灭点 V

此面为镜面

2

绘制正立面的同大对称图
ABC'D'。注意两图是对称
的，即左右颠倒。

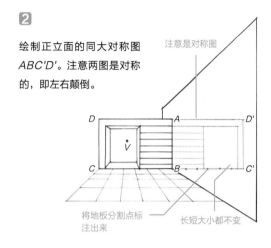

注意是对称图

将地板分割点标
注出来

长短大小都不变

3

向同一透视点作透视线，绘制
进深方向的线。

向同一透视点作透视

4

绘制其余线段，清除辅
助线，完成。

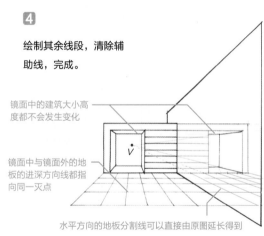

镜面中的建筑大小高
度都不会发生变化

镜面中与镜面外的地
板的进深方向线都指
向同一灭点

水平方向的地板分割线可以直接由原图延长得到

水中倒影的建筑透视图

水面中的建筑倒影与实际建筑上下颠倒，但依然共享同一灭点。

1

绘制建筑的一点透视图。

进深方向的线都指
向灭点 V

这里为水面

2

以地面为轴，绘制对称的立面图。

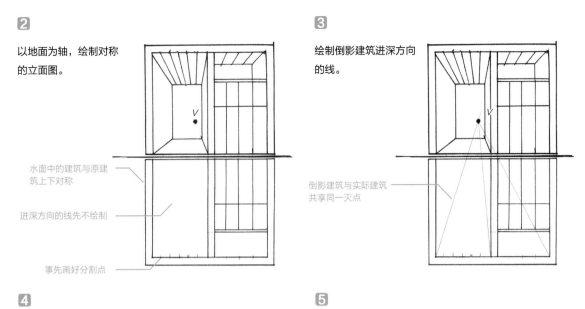

水面中的建筑与原建筑上下对称

进深方向的线先不绘制

事先画好分割点

3

绘制倒影建筑进深方向的线。

倒影建筑与实际建筑共享同一灭点

4

绘制其余进深方向的线。

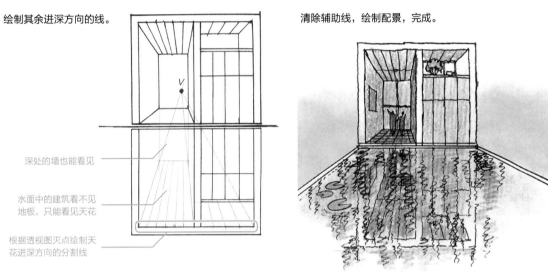

深处的墙也能看见

水面中的建筑看不见地板，只能看见天花

根据透视图灭点绘制天花进深方向的分割线

5

清除辅助线，绘制配景，完成。

—— POINT ——

绘制雨后建筑时，可以事先画好完整的建筑倒影❶，然后根据雨水轮廓，清除其余部分就可以得到准确的建筑倒影。

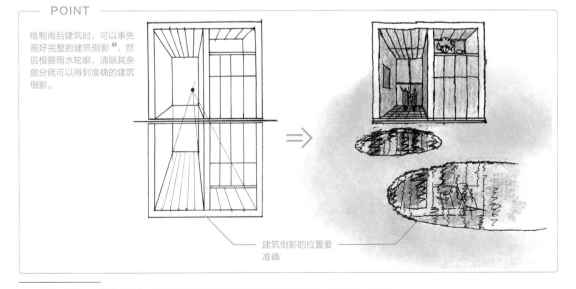

建筑倒影的位置要准确

❶ 两点透视图中，可以将建筑轴对称得到倒影（对称轴为通过建筑物最前方某点或某边的水平线）。

第1章 建筑基础知识

第2章 透视图的基础知识

第3章 建筑透视图

第4章 室内透视图

第5章 风景·街景的画法

第6章 阴影的画法

建筑透视图

3.12

两点透视图：

水平方向灭点

从本节开始我们学习两点透视图的绘制方法。两点透视图非常适合表达广角视角观察到的建筑形象，因此想要绘制大场景，或建筑体量比较宽阔时，可以采用两点透视图。

和一点透视图一样，两点透视图进深和宽方向的灭点都位于视线高度线上，要注意的是如果两个点距离过于接近，绘制出的透视图将严重变形，表达效果也会变差。

四层高钢混建筑的两点透视图

下面让我们来尝试绘制四层四开间的长方体钢混建筑的两点透视图吧。

1

首先选择想要表达的两个建筑立面 A 和 B。并绘制等长的两面交界线。

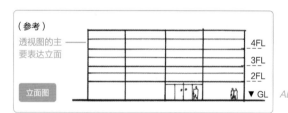

（参考）

透视图的主要表达立面

立面图

4FL
3FL
2FL
▼ GL

AB 面的交界线

只绘制交界线，与实际等长，并画好四等分点

2

尝试不同的视线高度，决定合适的高度及两灭点位置。

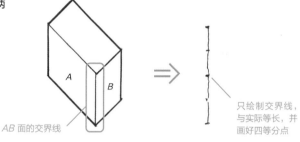

V_1 ▼ EL V_2

将视线高度设计在屋顶之上

▼ GL

V_1 ▼ EL V_2

将视线高度设计在二层楼板的位置上

▼ GL

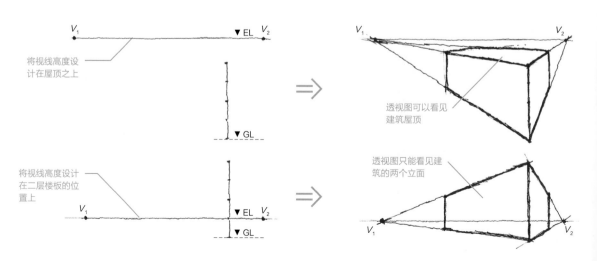

V_1 V_2

透视图可以看见建筑屋顶

透视图只能看见建筑的两个立面

V_1 V_2

3

将四等分点与定好的两个灭点相连。

与视线高度同高的物体会与视线高度线重叠

─ POINT ─

两个灭点一定位于同一视线高度线上，否则绘制的透视图会失衡。

4

决定适当的进深和建筑宽度。

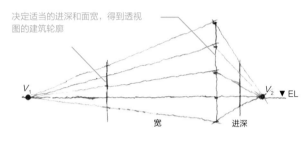

决定适当的进深和面宽，得到透视图的建筑轮廓

宽　进深

5

将墙面分为 4×4 的透视方格。

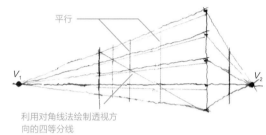

平行

利用对角线法绘制透视方向的四等分线

6

绘制细节，完成。

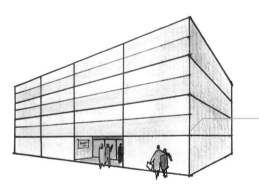

层高 3m 左右，按比例画出的人可以更好地表达建筑的尺度感

鸟瞰图？狗视图？

　　之前介绍过以飞翔的鸟的视角绘制的透视图叫作鸟瞰图，鸟瞰图可以很好地表达建筑整体形象及与周围环境的关系。其实还有另一种以动物视角绘制的透视图，叫狗视图。狗视图以狗的视角，表达仰视建筑看到的景象，这种透视图十分具有冲击力，可以很好地表达建筑的挺拔感、力量感。

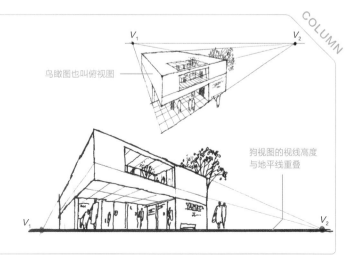

鸟瞰图也叫俯视图

狗视图的视线高度与地平线重叠

COLUMN

第1章 建筑基础知识

第2章 透视图的基础知识

第3章 建筑透视图

第4章 室内透视图

第5章 风景·街景的画法

第6章 阴影的画法

87

利用不规则分割法绘制建筑的两点透视图

上一部分我们介绍了 4×4 等分建筑的两点透视图绘制方法。然而现实中很多建筑立面采用不规则分割的方式，下面我们介绍这一类建筑的两点透视图绘制方法。

1

选择想要表达的主要立面，用 86 页相同的方法在其一侧绘制交界线。

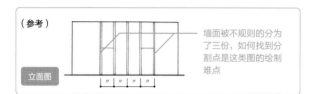

（参考）

墙面被不规则的分为了三份，如何找到分割点是这类图的绘制难点

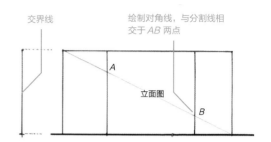

交界线

绘制对角线，与分割线相交于 AB 两点

2

将视线高度设置在合适的高度，并取两个灭点，连接交界线与两灭点并决定适当的进深。

透视图中相应的面也连接对角线

适当的进深

3

由 AB 作水平线与交界线相交于两点，将交点与灭点 V_1 连线，与对角线相交于点 A'、B'。这两点即为分割线控制点。

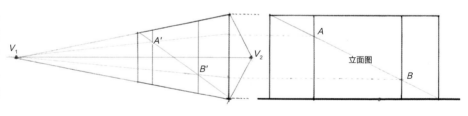

4

将中间的部分四等分。

利用对角线分割法，重复两次二等分得到四等分线

5

绘制细节，完成。

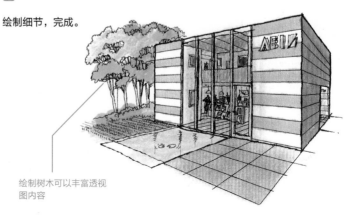

绘制树木可以丰富透视图内容

悬山建筑的两点透视图

　　因为悬山建筑的屋顶有一定的倾角，因此绘制悬山建筑两点透视图时，透视图会出现很多个灭点，这是这一类透视图的绘制难点。

1

绘制简单长方体的两点透视图，并将主立面的立面图绘制在透视图一侧。

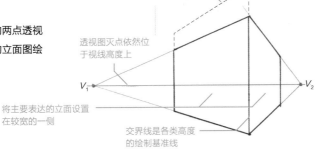

绘制屋顶的大致范围

透视图灭点依然位于视线高度上

V_1　V_2

将主要表达的立面设置在较宽的一侧

交界线是各类高度的绘制基准线

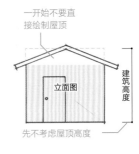

一开始不要直接绘制屋顶

立面图

建筑高度

先不考虑屋顶高度

2

绘制对角线，从交点作垂线与屋顶范围相交于点 A，得到悬山屋顶的中心点（屋脊点）。连接 AB、AC 得到屋顶的控制线。

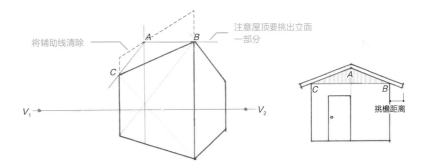

将辅助线清除

注意屋顶要挑出立面一部分

A　B

C

V_1　V_2

A

C　B

挑檐距离

3

从 V_1 作垂线，将 AC、BA 的延长线与垂线的交点定为 V_3、V_4。这两点是屋顶的灭点。

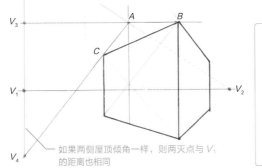

V_3　A　B

C

V_1　V_2

V_4

如果两侧屋顶倾角一样，则两灭点与 V_1 的距离也相同

POINT

悬山屋顶伸出山墙的距离叫作出檐距离。

出檐距离

4

决定适当的出檐距离，并借助 V_3、V_4 绘制出檐后的屋顶轮廓线。

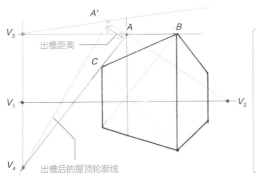

A'

V_3　A　B

出檐距离

C

V_1　V_2

V_4

出檐后的屋顶轮廓线

POINT

让我们复习一下屋顶各部位的名称吧。

屋脊

屋檐

出檐

山墙

面宽墙

第1章
建筑基础知识

第2章
透视图的基础知识

第3章
建筑透视图

第4章
室内透视图

第5章
风景、街景的画法

第6章
阴影的画法

5

连接出檐两点 E'、D' 与灭点 V_2，得到建筑进深方向的屋顶控制线，决定适当的 F' 点，得到另一侧的出檐距离。

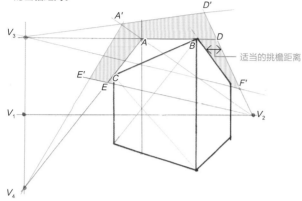

适当的挑檐距离

6

绘制屋顶厚度，厚度根据透视图比例适当决定。

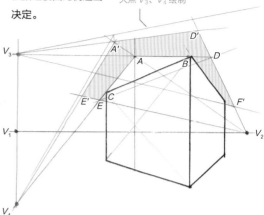

厚度上侧的两条线也要根据两个灭点 V_3、V_4 绘制

7

绘制其他轮廓。

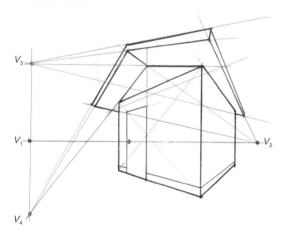

8

清除辅助线，完成。

POINT

下图是以开间方向为主立面绘制的两点透视图，无论以什么角度绘制，悬山屋顶都是透视图中最难表达的一类。如果不能熟练掌握，可以复习一下一点透视图的悬山屋顶画法（60 页）。

一点透视图

无论什么透视图都要表达屋顶的厚度

平行

与屋顶面正交

只有一个灭点

开间方向为主要立面的一点透视图，屋顶倾斜两面也有其自己的灭点

平行

依然要表达屋顶厚度

两点透视图

以开间方向为主要立面

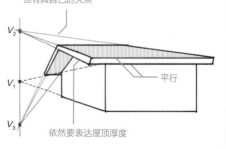

3.13
两点透视图：
垂直方向灭点

前 两节介绍了水平方向灭点的两点透视图画法，其实除了水平方向灭点的两点透视图，还有垂直方向灭点的两点透视图画法。这种画法比较适合用来绘制高耸的建筑。可以表达出建筑的挺拔感。

第 1 章 建筑基础知识

第 2 章 透视的基础知识

第 3 章 建筑透视图

第 4 章 室内透视图

第 5 章 风景、街景的画法

第 6 章 阴影的画法

垂直方向灭点的两点透视图

灭点位于同一条垂线上的两点，这种透视图也可以叫作上下两点透视图。

仰视构图

将高度方向的灭点定在建筑上方，进深方向的灭点定于建筑下方的透视图。

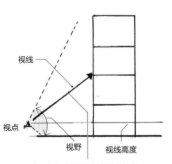

视线高度较低因此形成仰角

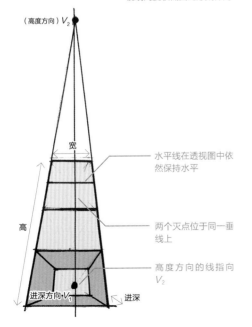

（高度方向）V_2

- 水平线在透视图中依然保持水平
- 两个灭点位于同一垂线上
- 高度方向的线指向 V_2

宽

高

进深方向·V_1 进深

俯视构图

将高度方向的灭点定在建筑下方，进深方向的灭点定于建筑上方的透视图。

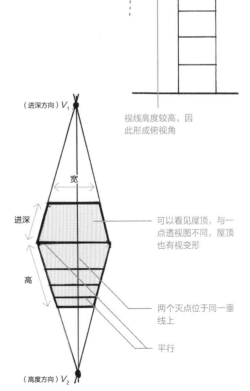

视线高度较高，因此形成俯视角

（进深方向）V_1

宽

进深

高

- 可以看见屋顶，与一点透视图不同，屋顶也有视变形
- 两个灭点位于同一垂线上
- 平行

（高度方向）V_2

高层建筑的仰视两点透视图

以下是狗视角的仰视两点透视图的绘制方法。绘制的是一栋七层高建筑的透视图。

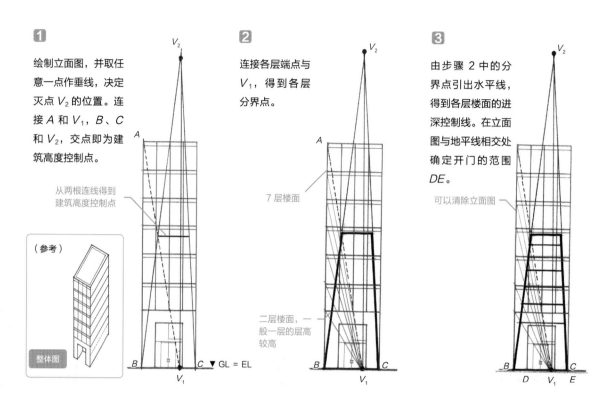

1 绘制立面图，并取任意一点作垂线，决定灭点 V_2 的位置。连接 A 和 V_1，B、C 和 V_2，交点即为建筑高度控制点。

从两根连线得到建筑高度控制点

（参考）

整体图

V_2

A

B　C ▼ GL = EL
V_1

2 连接各层端点与 V_1，得到各层分界点。

7 层楼面

二层楼面，一般一层的层高较高

V_2

A

B　C
V_1

3 由步骤 2 中的分界点引出水平线，得到各层楼面的进深控制线。在立面图与地平线相交处确定开门的范围 DE。

可以清除立面图

V_2

B　C
D　V_1　E

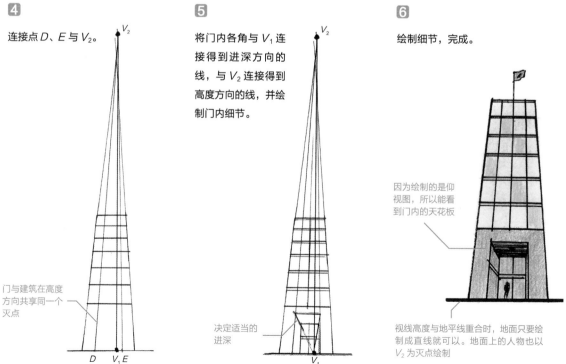

4 连接点 D、E 与 V_2。

门与建筑在高度方向共享同一个灭点

V_2

D　V_1　E

5 将门内各角与 V_1 连接得到进深方向的线，与 V_2 连接得到高度方向的线，并绘制门内细节。

决定适当的进深

V_2

V_1

6 绘制细节，完成。

因为绘制的是仰视图，所以能看到门内的天花板

视线高度与地平线重合时，地面只要绘制成直线就可以。地面上的人物也以 V_2 为灭点绘制

高层建筑的俯视两点透视图

这次我们来尝试绘制同一栋建筑的俯视两点透视图。

1

首先绘制屋顶与立面的交界线。并在任意一点作垂线，在垂线上确定灭点。

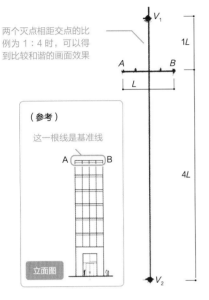

两个灭点相距交点的比例为1：4时，可以得到比较和谐的画面效果

（参考）

这一根线是基准线

立面图

2

连接点 AB 与两灭点，并决定适当的进深与建筑高度。

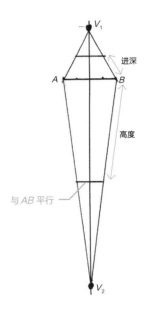

进深

高度

与 AB 平行

3

将正立面 4×8 等分（重复多次对角线二等分法）。

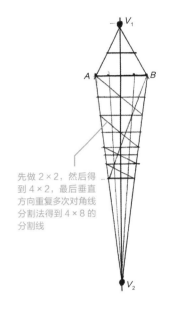

先做 2×2，然后得到 4×2，最后垂直方向重复多次对角线分割法得到 4×8 的分割线

4

绘制各层细节。

注意女儿墙的表达

5

清除辅助线，完成。

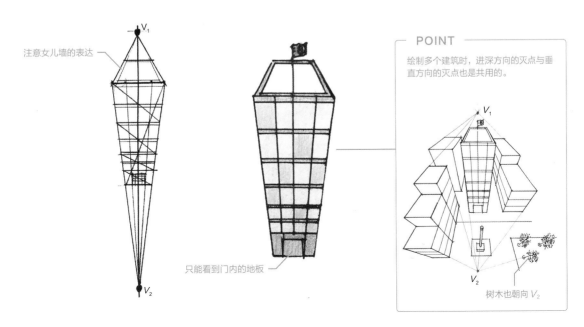

只能看到门内的地板

POINT

绘制多个建筑时，进深方向的灭点与垂直方向的灭点也是共用的。

树木也朝向 V_2

第1章 建筑基础知识

第2章 透视图的基础知识

第3章 建筑透视图

第4章 室内透视图

第5章 风景、街景的画法

第6章 阴影的画法

3.14

透视图要表达建筑特色

本章我们学习了各种各样的透视图画法，但是哪一种可以更好地表达建筑特点与建筑形象呢？这是一个比较纠结的问题。

因此本节笔者仅以自己的经验，介绍遇到的不同情况下对于表达方式的选择方法。

根据想要表达的内容决定透视图画法

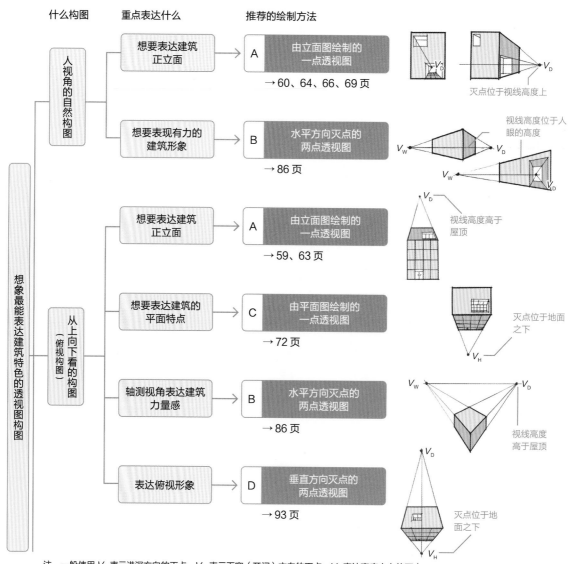

注：一般使用 V_D 表示进深方向的灭点，V_W 表示面宽（开间）方向的灭点，V_H 表达高度方向的灭点。

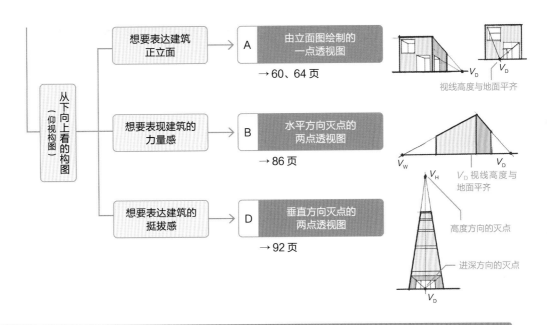

第1章 建筑基础知识

第2章 透视图的基础知识

第3章 建筑透视图

第4章 室内透视图

第5章 风景、街景的画法

第6章 阴影的画法

各种透视图的特征

我们再来复习一下各种透视图着重表达的建筑特点吧。

A：由立面图绘制的一点透视图

由一张立面图开始绘制的一点透视图，
着重表现建筑正立面的形象。

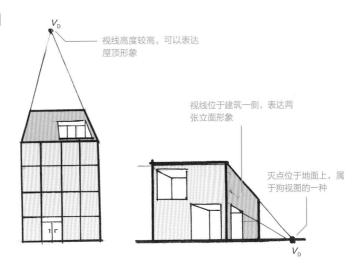

B：水平方向灭点的两点透视图

比一点透视图更像实际观察到的样子，可以同时表达两张
立面形象。

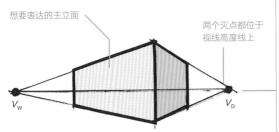

POINT

如果将一个灭点定于建筑内，则可以绘制出着重表达一张立面效果的两点透视图。

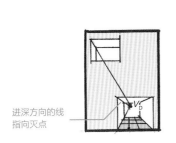

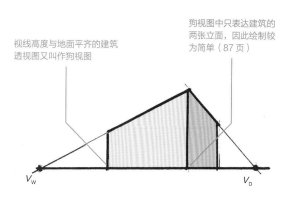

视线高度与地面平齐的建筑透视图又叫作狗视图

狗视图中只表达建筑的两张立面，因此绘制较为简单（87页）

V_W V_D

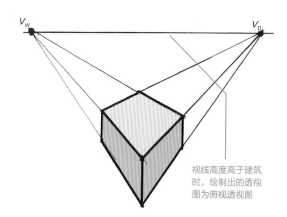

V_W V_D

视线高度高于建筑时，绘制出的透视图为俯视透视图

C：由平面图绘制的一点透视图

从上向下看的透视图，着重表达屋顶或建筑平面的样子。

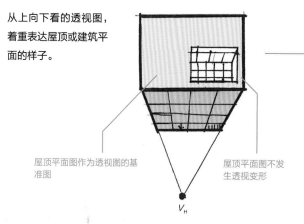

屋顶平面图作为透视图的基准图

屋顶平面图不发生透视变形

V_H

> **POINT**
>
> 也可用来表达密集建筑街区的透视效果图（182页）。
>
>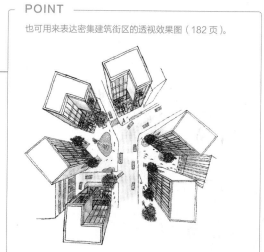

D：垂直方向灭点的两点透视图

无论是俯视图还是仰视图，都着重表现建筑物的高耸感。

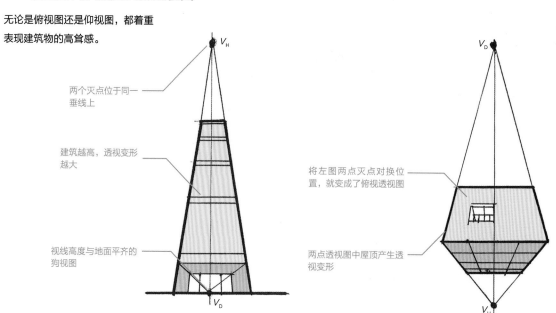

V_H

两个灭点位于同一垂线上

建筑越高，透视变形越大

视线高度与地面平齐的狗视图

V_D

V_D

将左图两点灭点对换位置，就变成了俯视透视图

两点透视图中屋顶产生透视变形

V_H

第 **4** 章

室内透视图

4.1
室内透视图的灭点

将 室内景象用透视图表达的图纸叫作室内透视图。与外部透视图一样，灭点的位置决定了透视图的构图。在一点透视图中，我们依然要选取最想要表达的墙面作为绘制透视图的基准图。如果绘制坐姿的透视图就将灭点定在较低的位置上，如果是站姿就定在较高的位置上。两点透视图甚至可以通过调整灭点的位置来改变透视图中绘制的墙面角度及墙面数。

一点透视图的灭点位置

　　室内一点透视图中，灭点的位置不要脱离墙面。灭点远离墙面的室内透视图会产生很大的变形，构图很不美观。

视线高度在1200mm左右

室内透视图常用的视线高度一般是1200mm，将灭点定在正面图中央可以绘制出很漂亮的构图。

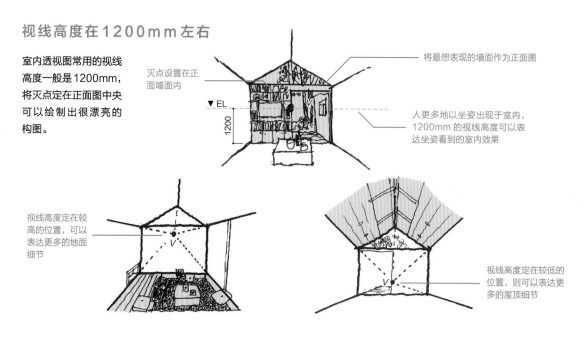

灭点设置在正面墙面内

▼EL

1200

将最想表现的墙面作为正面图

人更多地以坐姿出现于室内，1200mm的视线高度可以表达坐姿看到的室内效果

视线高度定在较高的位置，可以表达更多的地面细节

视线高度定在较低的位置，则可以表达更多的屋顶细节

灭点位置决定左右墙的表达程度

想要表达除正面之外的其他墙面时，我们可以将灭点靠向另一侧墙面。

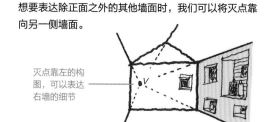

灭点靠左的构图，可以表达右墙的细节

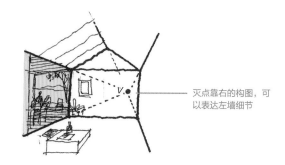

灭点靠右的构图，可以表达左墙细节

两点透视图的灭点位置

　　两点透视图中，灭点是否在房间中会极大地影响透视图的构图，因此在绘制透视图前我们应想好要绘制什么构图的透视图。

如果两个墙面都想着重表达，则将灭点定在房间之外

根据笔者的经验，如果最内侧墙高为h，那么将两个灭点之间的距离定为$10h$可以绘制出十分自然的两点透视图。

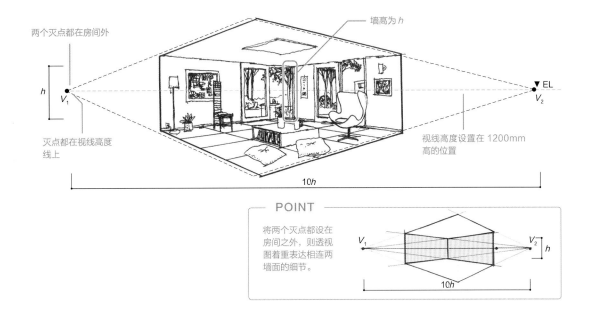

两个灭点都在房间外

墙高为h

h　V_1

灭点都在视线高度线上

▼ EL

V_2

视线高度设置在1200mm高的位置

$10h$

── POINT ──
将两个灭点都设在房间之外，则透视图着重表达相连两墙面的细节。

V_1　　　V_2　h

$10h$

一个灭点在房间内，则可以表达三面墙的细节

根据笔者的经验，如果正面墙较高一侧的高度为h，那么一个灭点设在距参考线$1h$远的位置，另一个设在$5h$的位置，可以绘制出比较协调的透视图。

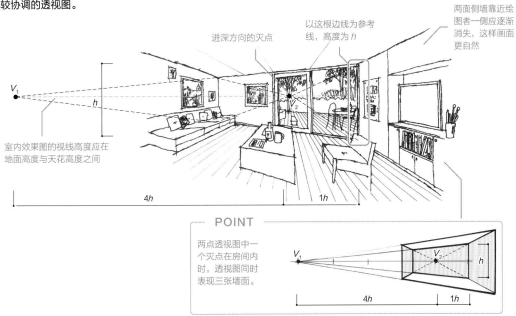

进深方向的灭点

以这根边线为参考线，高度为h

两面侧墙靠近绘图者一侧应逐渐消失，这样画面更自然

V_1

h

V_2

室内效果图的视线高度应在地面高度与天花高度之间

$4h$　　　　　$1h$

── POINT ──
两点透视图中一个灭点在房间内时，透视图同时表现三张墙面。

V_1　　　　V_2　h

$4h$　　　$1h$

第1章 建筑基础知识

第2章 透视图的基础知识

第3章 建筑透视图

第4章 室内透视图

第5章 风景·街景的画法

第6章 阴影的画法

4.2
决定适当的
进深距离

摄影中，适当调整焦距，照片边缘的景色会变得很模糊。这种时候人们的视觉重心更容易向画面中央聚集，也更能表现出画面的进深感。因此在绘制透视图时，我们也应该根据想要表现的画面内容，决定适当的进深距离，绘制出更有透视感、重点鲜明的效果图。

一点透视图中决定进深的方法

45 页那种进深决定方法比较繁琐，我们不妨相信自己的审美，大胆地决定进深距离。只要多加练习，一定会找到诀窍。

适当的进深距离

如右图所示，进深距离只要差不多就不会影响画面效果。

任意决定适当的进深距离 ← 进深距离

寻找合适的进深距离

根据笔者的经验，如果进深距离等于灭点与最近墙边的距离，那么画面会呈现出非常规整的样子。

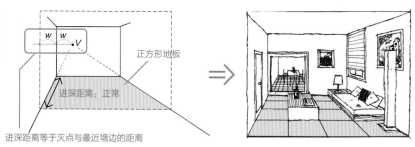

正方形地板

进深距离：正常

进深距离等于灭点与最近墙边的距离

如果进深距离等于1.5倍的灭点与最近墙边的距离，那么画面会呈现出很强的进深感。

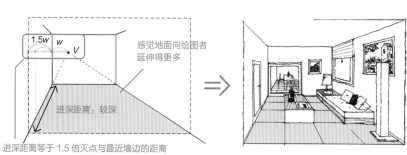

感觉地面向绘图者延伸得更多

进深距离：较深

进深距离等于 1.5 倍灭点与最近墙边的距离

两点透视图中决定进深的方法

　　以下介绍笔者常用的表现两面墙的两点透视图画法。因为灭点位置比较固定，所以初学者可尝试由此方法入手学习室内两点透视图。

1

绘制蓝色墙面的室内透视图，首先绘制灰色墙面的立面展开图，并决定视线高度。

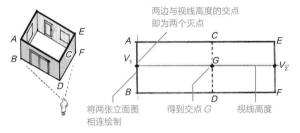

2

连接CD与两灭点，点G与四角ABEF相连。

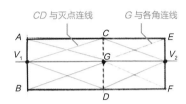

3

连接两组线的交点，得到建筑的轮廓线。

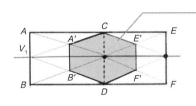

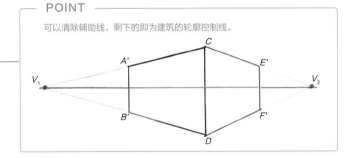

POINT

可以清除辅助线，剩下的即为建筑的轮廓控制线。

4

连接灭点与对侧边线两角，并将两组线的交点相连，得到室内透视图的两墙交界线。

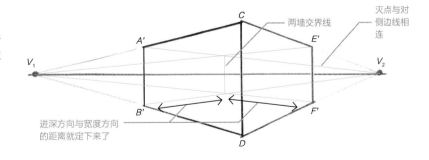

5

得到蓝色部分的室内透视图轮廓。

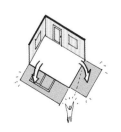

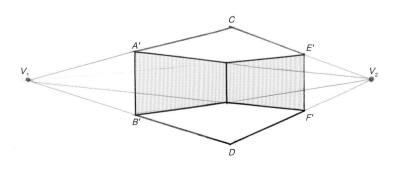

第1章 建筑基础知识

第2章 透视图的基础知识

第3章 建筑透视图

第4章 室内透视图

第5章 风景、街景的画法

第6章 阴影的画法

4.3
存在多个灭点的情况

室内透视图中不只有横平竖直的墙和地板。倾斜的天花、斜墙、斜坡等都有与主体空间灭点不同的自己的灭点。因此本节分别介绍具有多个灭点的一点透视图的绘制方法和两点透视图的绘制方法。

有多个灭点的一点透视图

下面介绍建筑内部较为代表性的有独自灭点的构件的透视图画法。

斜天花

如右图所示，当室内天花是斜天花时，透视图灭点垂直下方存在另一灭点 V_2（天花灭点）。

一点透视图中视线与垂直方向的物体均垂直

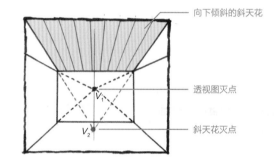

向下倾斜的斜天花

透视图灭点

斜天花灭点

楼梯、斜坡

绘制楼梯、斜坡等向上倾斜的物件时，可以在透视图灭点垂直上方定一点 V_2 作为其灭点。

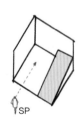

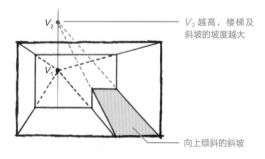

V_2 越高，楼梯及斜坡的坡度越大

向上倾斜的斜坡

斜墙

绘制斜墙时，我们可以在灭点水平方向，斜墙的对侧定一点 V_2 作为斜墙的灭点。

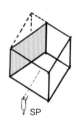

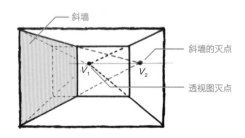

斜墙

斜墙的灭点

透视图灭点

有多个灭点的两点透视图

与一点透视图相同，两点透视图中倾斜的构件也有其自己的灭点。

斜天花

可以在进深方向灭点 V_2 的垂直下方定一点 V_3 作为斜天花的灭点。

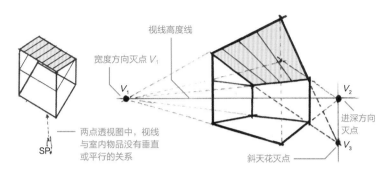

楼梯、斜坡

我们可以在进深方向灭点 V_2 的垂直正上方定一点 V_3 作为楼梯、向上斜坡的灭点。

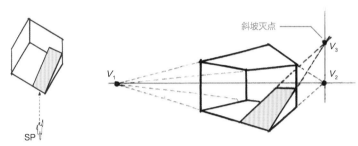

斜墙

我们可以在视线高度线上另定一点 V_3，作为斜墙的灭点。

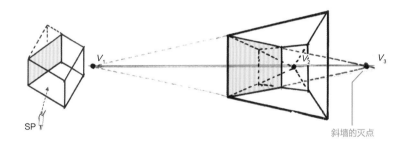

第1章 建筑基础知识

第2章 透视图的基础知识

第3章 建筑透视图

第4章 室内透视图

第5章 风景、街景的画法

第6章 阴影的画法

COLUMN

倾角要设置得略大一些

　　我们一般将水平方向具有高度变化的天花叫作斜天花，其倾斜角度大小有三种表示方式：①分数；②角度；③百分数。例如 100mm 长 100mm 高的斜坡，我们既可以表示为 1/1，也可以表示为 45°，还可以表示为 100%。

　　在透视图中，为了更好地体现出倾斜感，我们一般会将倾斜的部件画得比实际标注得更倾斜一些。当然，如果本来倾角就很大，则可以省去这个步骤。这样表示出的透视图更有力量感，可以充分表现室内特色。

倾角的表示方法：

①分数 b/a
②角度 θ
③百分比（b/a ×100%）

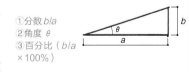

同一倾角的三种标注形式

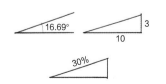

4.4

由展开图绘制室内透视图

现 在我们开始绘制室内透视图吧！如果可以找到相应的室内展开图（33页）则可以省去很多步骤。如何使室内效果图协调平衡，是绘制透视图时需要注意的最重要的一点。

基准面的高度、宽度

　　没有室内展开图作基准图时，如何决定基准面的高度、宽度呢？其实，根据房间的面积大小，就能决定适当的天花高度。以下我们以不同大小的和室为例，介绍不同高宽的空间模型。

4.5～6张榻榻米大小

房间宽2700mm，高2250mm，常用于小型卧室或儿童房。

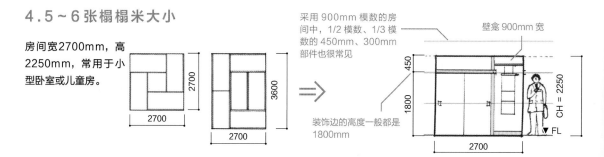

采用900mm模数的房间中，1/2模数、1/3模数的450mm、300mm部件也很常见

壁龛900mm宽

装饰边的高度一般都是1800mm

6～8张榻榻米的房间

宽3600mm、高2400mm的房间，常用于卧室、书房等。

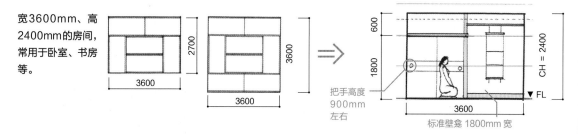

把手高度900mm左右

标准壁龛1800mm宽

12张榻榻米的房间

宽5400mm，高2700mm的大房间，常用于客厅、起居室等。

壁龛旁有放置装饰品的空间

天花较高，因此吊柜也较高

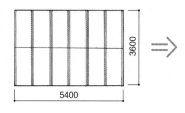

注：CH（ceiling height）指天花高度。

由展开图绘制室内一点透视图

准备好作为基准面的展开图之后，室内一点透视图就很容易绘制了。

第1章 建筑基础知识

第2章 透视图的基础知识

第3章 建筑透视图

第4章 室内透视图

第5章 风景、街景的画法

第6章 阴影的画法

1

绘制作为基准面的展开图，将视线高度定为1200mm，灭点定于墙内一点。

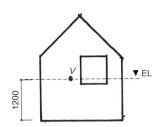

2

连接灭点与展开图各角，并延长。

3

决定适当的室内进深，这里利用了100页介绍的方法。

根据 100 页的 1：1 法则确定进深❶

进深也可根据喜好自行决定

4

绘制天花和墙面上的开口。

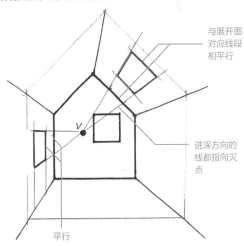

与展开图对应线段相平行

进深方向的线都指向灭点

平行

5

绘制家具等细节，完成。

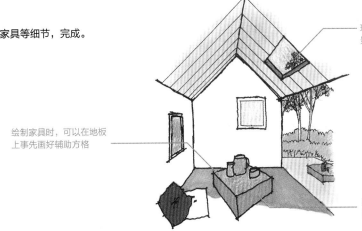

玻璃部位应该绘制出其后方的景色，树的画法见 151 页

绘制家具时，可以在地板上事先画好辅助方格

斜放的家具，各边灭点与透视图灭点不同

---

❶ 1：1 和 1：1.5 的进深常用于正方形平面的建筑透视图。

105

由剖面图和展开图绘制室内剖透视图

由剖面图（32页）绘制的室内一点透视图又叫作剖透视图，是可以同时表示剖面的形状、材料与室内景象的一种透视图。

1

绘制剖面图，在剖面内定出灭点V。

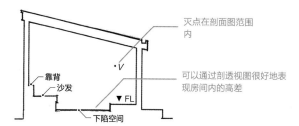

灭点在剖面图范围内

可以通过剖透视图很好地表现房间内的高差

靠背
沙发
▼FL
下陷空间

（参考）

绘制这个剖断线❶剖切到的剖面图

展开图（3面）
平面图
下陷空间

2

连接室内各角与灭点，并决定适当的进深。

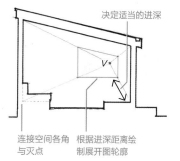

决定适当的进深

连接空间各角与灭点
根据进深距离绘制展开图轮廓

3

将进深五等分，找到开窗位置。

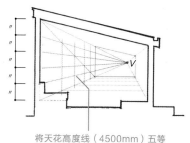

将天花高度线（4500mm）五等分，再根据对角线分割法得到横竖五等分的墙

4

绘制空间细节与开窗细节。

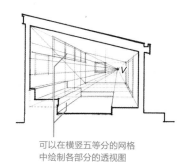

可以在横竖五等分的网格中绘制各部分的透视图

5

清除辅助线，完成。

绘制挂画、观赏树木等，丰富室内空间

POINT

剖面图可以很好地表达室内高差，透视图则更着重表达室内氛围。要根据表达需求选择合适的透视图画法。

❶ 剖断线是在平面图中表示剖面所在位置的线，线两端的小箭头表示剖切之后向哪个方向看。

室内透视图

4.5
窗户与家具

窗户与家具是室内透视图中非常重要的构成要素。如何将这些元素准确地表达出来，是学习室内透视图绘制中很重要的一点。本节将介绍利用透视方格（78页）准确地绘制室内窗户和家具的方法。

1
章

建筑基础知识

第
2
章

透视图的基础知识

第
3
章

建筑透视图

第
4
章

室内透视图

第
5
章

风景、街景的画法

第
6
章

阴影的画法

房间内各部件的标准尺寸

为了更好地绘制室内透视图，我们以 900mm 为基本模数，介绍一下室内常见部件的标准尺寸。

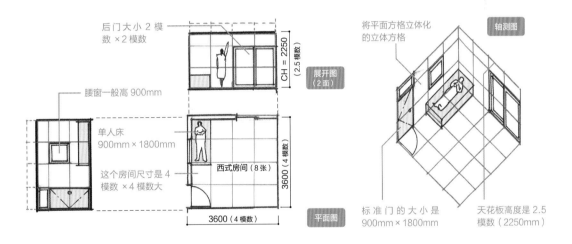

后门大小 2 模数 ×2 模数

腰窗一般高 900mm

单人床
900mm×1800mm

这个房间尺寸是 4 模数 ×4 模数大

CH = 2250
（2.5 模数）

展开图
（2 面）

西式房间（8 张）

3600（4 模数）

3600（4 模数）

平面图

将平面方格立体化的立体方格

轴测图

标准门的大小是 900mm×1800mm

天花板高度是 2.5 模数（2250mm）

在立体方格中绘制室内家具

现在我们在 900mm 的标准模数立体方格中绘制各种室内家具吧。

1

除立体方格外，事先标出床和桌子的高度线（450mm，700mm）。

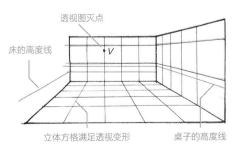

透视图灭点

床的高度线

立体方格满足透视变形

桌子的高度线

（参考）

房间内设有桌椅和床

西式房间
（12.5 张榻榻米大小）

平面图

2

绘制窗户的位置。

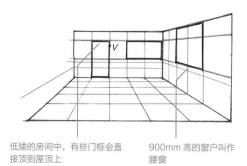

低矮的房间中，有些门框会直
接顶到屋顶上

900mm 高的窗户叫作
腰窗

3

在正面墙面上画出家具的立面图，在地面上画出家具的
平面图。

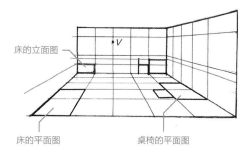

床的立面图

床的平面图

桌椅的平面图

4

连接灭点与立面图各角并延长，与平面图各角的垂线
相交。连接交点得到家具轮廓线。

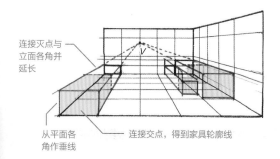

连接灭点与
立面各角并
延长

从平面各
角作垂线

连接交点，得到家具轮廓线

5

绘制细节，完成。

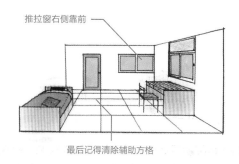

推拉窗右侧靠前

最后记得清除辅助方格

在一点透视图中绘制桌面上的小物件

绘制室内透视图时，切不可因为怕麻烦而省掉各种小物件的绘制。正是这些各式各样的小物件丰富
了室内效果图，衬托出室内的空间氛围。

1

绘制 100mm 边长的透视方格。

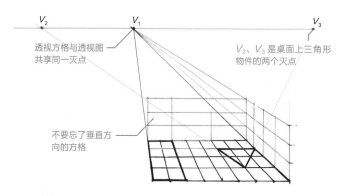

透视方格与透视图
共享同一灭点

V_2、V_3 是桌面上三角形
物件的两个灭点

不要忘了垂直方
向的方格

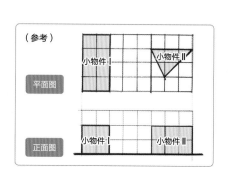

（参考）

小物件 I

小物件 II

平面图

小物件 I

小物件 II

正面图

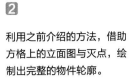

利用之前介绍的方法，借助
方格上的立面图与灭点，绘
制出完整的物件轮廓。

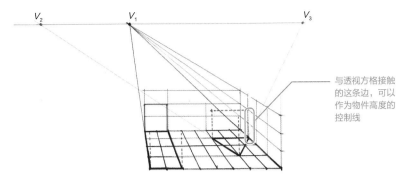

与透视方格接触
的这条边，可以
作为物件高度的
控制线

清除辅助线。

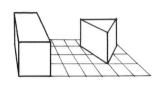

4 绘制细节，完成。

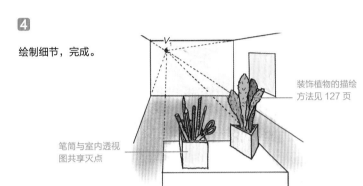

装饰植物的描绘
方法见 127 页

笔筒与室内透视
图共享灭点

进阶版的小物件绘制方法

　　对于熟练掌握透视图绘制技巧的人来说，每次都通过透视网格绘制小物件是一件很浪费时间的事
情。下面我们介绍一下更简单的小物件绘制方法。

1

绘制大物件的室内
透视图。并在相应
位置绘制小物件的
平面轮廓。

厨房台面宽度约
为650mm

圆筒形物件也只绘制出
方形轮廓

这张桌子的尺寸为
1500mm×750mm

2

绘制物件高度，得
到轮廓线。

注意瓶子等高度上
有变化的物件

桌上的小物件尺寸
详见 20 页

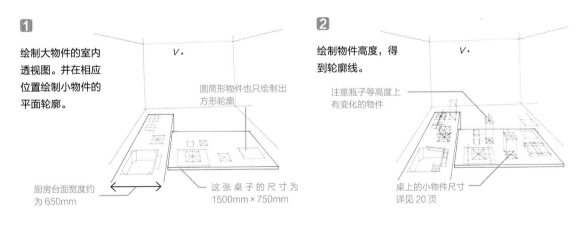

3

清除辅助线，完成。

餐巾尺寸为（400～
450）mm×300mm

要准确绘制出异形物体的
轮廓

物件种类越多，图
面越丰富

4.6
由平面图绘制
室内透视图

还 有一种室内透视图，是以俯视角度表达室内构成的。售楼处发的传单中的样板房多采用这种表达形式。这种图可以很好地表达平面形状，同时又能凸显出空间氛围。绘制这类图时我们一般从平面出发，将灭点定在平面图之中。这类图不用考虑视线高度，只需以灭点为中心即可。

从墙开始画还是从地面开始画？

这一类一点透视图有两种画法，从墙面向下画的画法和从地面向上画的画法。

由地面向上画

如果家具较多，推荐这种从下向上的绘制方式。

 ⇒ 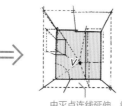 ⇒

事先在地面上勾出家具平面　　由灭点连线延伸，绘制墙面　　手绘墙面平面可能会变形❶

由墙面向下画

这种方式可以保证平面图不变形，但是很难定准内部的家具位置。

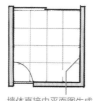 ⇒

墙体直接由平面图生成，所以平面不会变形　　向内部连线绘制地面　　绘制家具，家具位置可能会有偏差

剖切面的高度

这一类俯视室内透视图中，家具的高度可以根据透视效果适当决定。其中门窗应该是最高的一类家具，为了更好地表达房间开口位置，透视图的剖切面应该与门窗的上部构造相切。

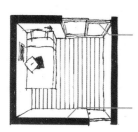

✓　剖切面与门窗上部相切时，房间开口部位一目了然。可以很快地判断出房间的封闭部位与开放部位

剖切高度为 1800～2400mm

✗　不与门窗上部相切时，透视图呈现出闭合的状态，房间看上去像是封闭的密室。门窗的位置也很难表达清楚

剖切面位于天花处

❶ 手绘会产生透视误差。以平面为基准手绘一点透视图时，离地面越远误差会越大。

由地板向上绘制的俯视一点透视图

为了得到更精确的家具位置，这里介绍由地面向上绘制的俯视一点透视图的画法。

1

绘制平面图轮廓，在平面图中定出灭点 V。

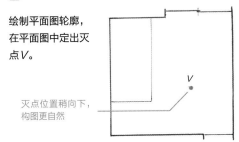

灭点位置稍向下，构图更自然

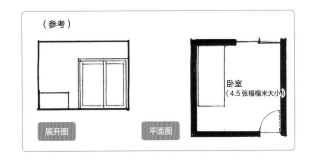

（参考）

展开图　平面图

卧室
（4.5 张榻榻米大小）

2

连接灭点与平面各角并延伸。

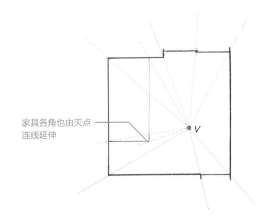

家具各角也由灭点连线延伸

3

决定适当的进深，绘制完整的家具轮廓。

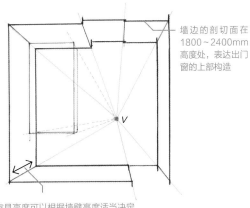

墙边的剖切面在 1800~2400mm 高度处，表达出门窗的上部构造

家具高度可以根据墙壁高度适当决定

4

清除辅助线，完成。

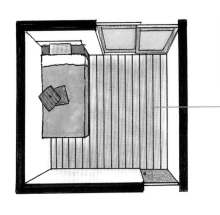

POINT

进深高度可适当决定，但这并不是说进深高度无所谓。像右图的进深高度就明显不符合实际情况。这张图的进深高度应控制在红线左右。

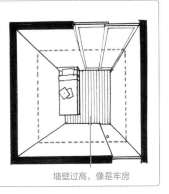

墙壁过高，像是牢房

第1章　建筑基础知识

第2章　透视图的基础知识

第3章　建筑透视图

第4章　室内透视图

第5章　风景、街景的画法

第6章　阴影的画法

4.7
斜屋顶的室内透视图

并不是所有建筑的屋顶都是平屋顶，很多建筑的屋顶都采用斜屋顶的样式。绘制斜屋顶的室内透视图时，比较难以把握的是屋顶自己的灭点位置。本节我们将分别介绍单侧斜屋顶和双侧斜屋顶的室内透视图画法。

屋顶种类

下面是几种常见的屋顶。

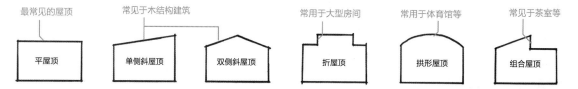

单侧斜屋顶的室内一点透视图

以下我们介绍单侧斜屋顶的室内一点透视图画法。

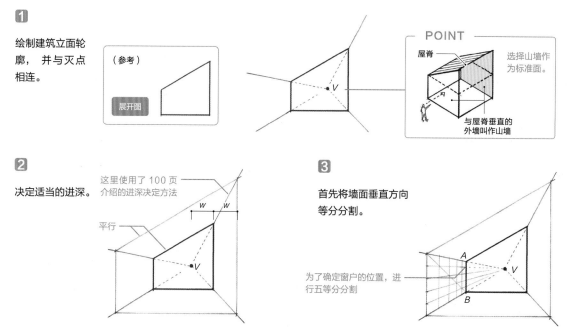

1 绘制建筑立面轮廓，并与灭点相连。

（参考）
展开图

POINT
屋脊
选择山墙作为标准面。
与屋脊垂直的外墙叫作山墙

2 决定适当的进深。

这里使用了 100 页介绍的进深决定方法
平行
W   W
V

3 首先将墙面垂直方向等分分割。

A
V
B
为了确定窗户的位置，进行五等分分割

4

由墙面分割线绘制天花的分
割线。

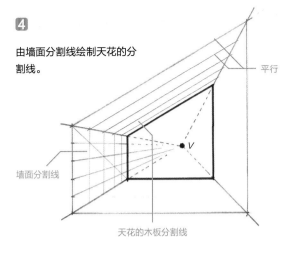

平行

墙面分割线

天花的木板分割线

5

清除辅助线，完成。

一点透视图强调斜天花的存在感，使图面更具有立体感

单侧斜屋顶的室内一点透视图

上面介绍了以山墙为正立面的透视图画法。下面则以平侧墙为正立面，绘制单侧斜屋顶一点透
视图。

1

绘制室内展开图，决定灭
点的位置，事先用虚线标
出屋顶的高度控制线。

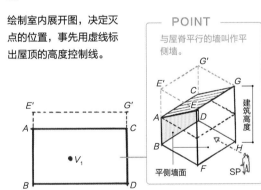

POINT

与屋脊平行的墙叫作平
侧墙。

建筑高度

平侧墙面

SP

2

连接灭点与展开图各角，并延伸。

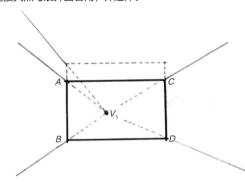

3

决定适当的进深距离，并通过灭点作垂线。

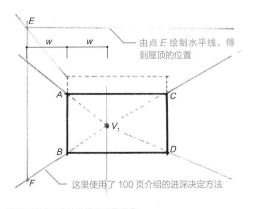

由点 E 绘制水平线，得
到屋顶的位置

这里使用了 100 页介绍的进深决定方法

4

连接点 E 与点 A 并延长，与通过灭点 V_1 的垂线相交于点
V_2，V_2 即是斜屋顶的灭点。

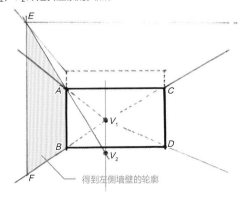

得到左侧墙壁的轮廓

注：这种画法不用表达建筑屋顶的厚度。

第1章 建筑基础知识

第2章 透视图的基础知识

第3章 建筑透视图

第4章 室内透视图

第5章 风景、街景的画法

第6章 阴影的画法

113

5

连接 V_2 与点 C，并延长。

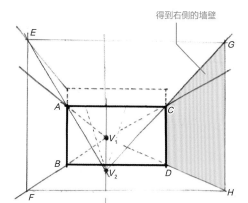

得到右侧的墙壁

6

利用 V_2 作出屋顶分割线。

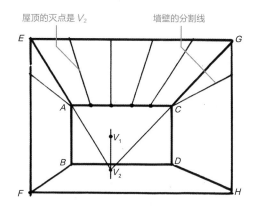

屋顶的灭点是 V_2　　　墙壁的分割线

7

清除辅助线，完成。

由平侧墙绘制的斜屋顶室内透视图很难表达出屋顶的倾斜感。这时可以在天花板上画出板材接缝加以突出

两侧斜屋顶的平侧墙一点透视图

屋脊两侧都是倾斜屋顶的建筑叫作两侧斜屋顶建筑。以下我们介绍以平侧墙为正立面的两侧斜屋顶室内一点透视图画法。

1

绘制平侧墙面展开图，并定出灭点 V_1 的位置，标出屋顶范围。

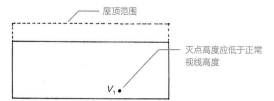

屋顶范围

灭点高度应低于正常视线高度

V_1

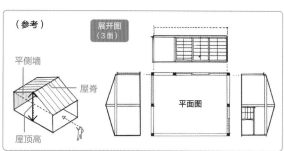

（参考）

展开图（3面）

平侧墙

屋脊

屋顶高

平面图

2

连接灭点与平侧墙各角
并延伸，决定适当的进
深距离。

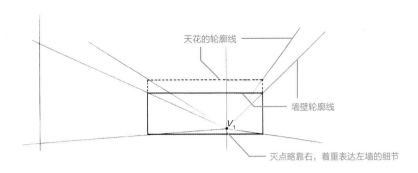

天花的轮廓线

墙壁轮廓线

V_1

灭点略靠右，着重表达左墙的细节

第 1 章
建筑基础知识

3

绘制两侧墙，首先连接左侧墙的两根对角线，由交点作垂线，与
V_1B的延长线交于点C。C点即为屋脊的一端。由C点向A点连线
并延长，与V_1的垂线交于点V_3，V_3即为斜屋顶较远一侧屋顶的灭
点。连接DC并延长得到较近一侧灭点V_2。

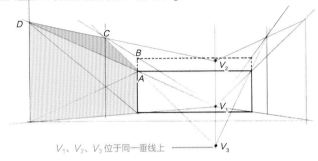

V_1、V_2、V_3位于同一垂线上

V_3

第 2 章
透视图的基础知识

POINT

如果绘制右图所
示视线方向的透
视图，则屋顶与
墙面共享一个灭
点。

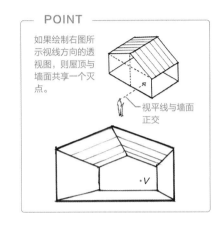

视平线与墙面
正交

V

第 3 章
建筑透视图

4

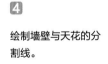

绘制墙壁与天花的分
割线。

注意倾斜的墙壁要与其对
应的灭点连线

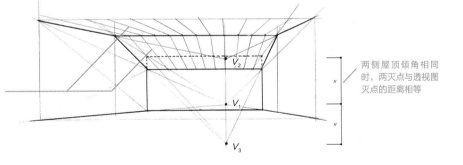

V_2

V_1

V_3

两侧屋顶倾角相同
时，两灭点与透视图
灭点的距离相等

第 4 章
室内透视图

第 5 章
风景、街景的画法

5

绘制细节，完成。

玻璃部分要绘制出后侧的
景色

地板的灭点是透视图
灭点 V_1

第 6 章
阴影的画法

4.8
楼梯的画法

楼梯是体现空间特色的一大要素之一，虽然楼梯的绘制看起来比较繁琐，但是掌握要点之后我们会发现其实并没有想象中那么复杂。

最开始练习的时候我们可以从阶数较少的台阶练起，随后逐渐增加阶数，直到画出漂亮的楼梯透视图。

楼梯的组成

我们先来介绍一下楼梯由哪些部分组成。

各部位名称

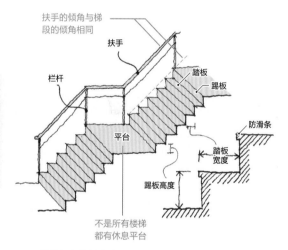

楼梯各部位的名称

图纸中的楼梯

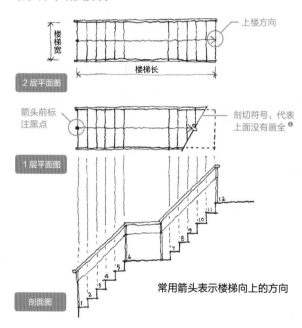

常用箭头表示楼梯向上的方向

详细构造

左图是木质楼梯，右图是钢混楼梯的详细构造图。

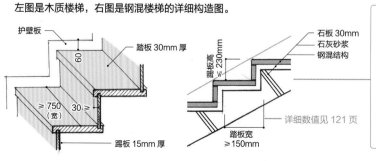

POINT

为了保证安全，一般公共建筑的楼梯倾角范围要明显小于住宅的倾角范围。在住宅中的楼梯多短小，且使用频繁较为熟悉，所以倾角大一些也无妨。

住宅

公共建筑

❶ 平面图其实是建筑被 1200mm 高的剖切面剖切的剖面图，所以一楼向二楼的楼梯上部并不能从平面图中看到，要用剖断线表示楼梯看不到的部位。

楼梯的相关图纸

在绘制楼梯的透视图前，我们应事先绘制好楼梯的相关图纸，这将节省很多时间。下面介绍楼梯相关图纸的画法。

1

绘制一层二层的楼板，并将层高按踢板高度等分❶（具体数值见121页）。

楼梯长度

▼2FL

层高

▼1FL

调整踢板高度，相应的踏步数目也会改变

2

绘制倾角线。

住宅中的楼梯多为45°倾角

3

从倾角与等分线的交点作垂线与水平线，勾出踏步轮廓。

楼梯宽

由交点向上延作垂线，绘制楼梯平面图

4

清除辅助线，完成。

1   10

▼2FL   10

扶手高度为800~1000mm

▼1FL   1

楼梯的一点透视图（侧面）

下面介绍从侧面看到的楼梯的一点透视图画法，刚开始学习的时候可以从阶数较少的楼梯画起。随着熟练度的增加再增加阶数即可。

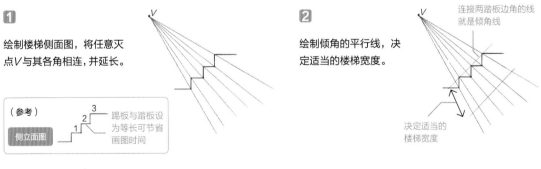

1

绘制楼梯侧面图，将任意灭点V与其各角相连，并延长。

（参考）

侧立面图

3
2
1

踢板与踏板设为等长可节省画图时间

2

绘制倾角的平行线，决定适当的楼梯宽度。

连接两踏板边角的线就是倾角线

决定适当的楼梯宽度

3

从上一步得到的交点作垂线与水平线，得到楼梯轮廓。

从交点作垂线与水平线

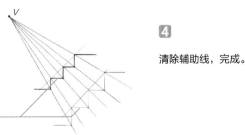

4

清除辅助线，完成。

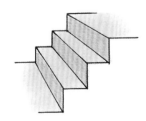

❶ 一般住宅楼梯为11~13阶，高度为2700~2850mm。像第5页那种高度与长度均为2700mm的楼梯呈45°角。如果设置12阶，则每级台阶高度和宽度均为225mm，绘制起来较为轻松。

第1章 建筑基础知识
第2章 透视图的基础知识
第3章 建筑透视图
第4章 室内透视图
第5章 风景·街景的画法
第6章 阴影的画法

楼梯的一点透视图（正面）

这次我们尝试从正面绘制上一页楼梯的一点透视图吧。

1

绘制楼梯正面图 $ABCD$，在正立面图左上方确定灭点 V_1 并与其各角连线，延长。

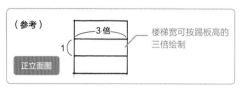

（参考）

楼梯宽可按踢板高的三倍绘制

正立面图

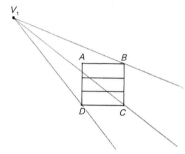

2

决定适当的楼梯长 DE，由 E 向 A 连线并延长，与 V_1 的垂线交于点 V_2，V_2 即为楼梯倾角线的灭点。由 V_2 得到 BF。

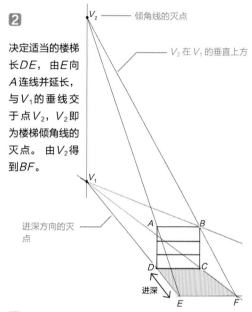

V_2 —— 倾角线的灭点

V_2 在 V_1 的垂直上方

进深方向的灭点

进深

3

从 V_1 向 $ABCD$ 中各点作连线并延长与 AE、BF 相交。由交点绘制出楼梯轮廓。

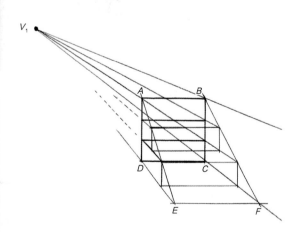

4

清除辅助线，完成。

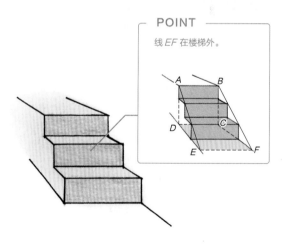

POINT

线 EF 在楼梯外。

POINT

楼梯虽然呈现出倾斜的样子，但其各个构件仍然以水平垂直为主。因此绘制楼梯时要注意区分哪些是水平垂直的线，哪些是倾斜的线。

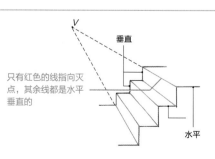

只有红色的线指向灭点，其余线都是水平垂直

垂直

水平

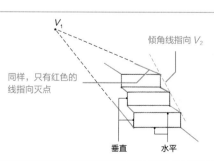

同样，只有红色的线指向灭点

倾角线指向 V_2

垂直　　水平

4.9
折角楼梯的
室内透视图

楼 梯根据其上升趋势的不同分为直跑楼梯、双跑楼梯、折角楼梯和螺旋楼梯等。本节主要介绍折角楼梯的室内一点透视图画法。

第 1 章 建筑基础知识

第 2 章 透视图的基础知识

第 3 章 建筑透视图

第 4 章 室内透视图

第 5 章 风景、街景的画法

第 6 章 阴影的画法

楼梯的分类

按照楼梯形状，常将楼梯分为以下四类。

直跑楼梯

最常见也是最简单的楼梯形式。

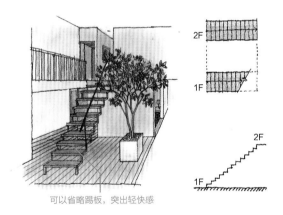

可以省略踢板，突出轻快感

折角楼梯

在中间90°转向的楼梯。

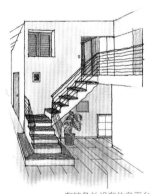
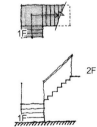

在转角处设有休息平台

多跑楼梯

下图是双跑楼梯，也有三跑、四跑等形式。

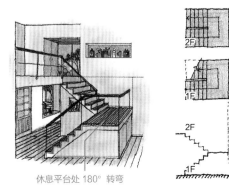

休息平台处 180°转弯

螺旋楼梯

一般作为室内装饰出现。

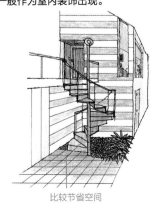

比较节省空间

119

折角楼梯的室内一点透视图

结合上一节学习的内容，下面介绍完整的折角楼梯一点透视图画法。

1

绘制折角楼梯的展开图，并确定灭点 V 的位置。为了能看见楼梯踏板的形状，这里将灭点定在了楼梯右上方。

▼ 2FL

灭点稍高些

还未画扶手

▼ 1FL

梯段 II ⟷ 梯段 I

V

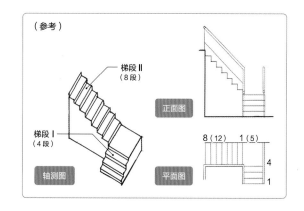

（参考）

梯段 II
（8 段）

梯段 I
（4 段）

轴测图

正面图

平面图

8（12）　1（5）

4

1

2

首先绘制梯段 I 的透视图，按照之前介绍的方法决定适当的楼梯长度 DF，平台宽度 AG，并绘制出线 CE。

休息平台的宽度

梯段 I 的长度

V

G

A

B

C

D

E

F

3

将 CD 三等分，得到梯段 II 的宽度。

梯段 II 的宽度

由 G 点和 I 点确定 H 点，由 H 点绘制倾角线平行线得到梯段 II 的宽度

将 CD 三等分，并连接对角线 ED

V

H

I

G

A

B

C

D

E

F

4

连接梯段 II 各角与灭点，并做出梯段 I 进深方向的三等分线。

V

H

I

G

A

平行

5

勾出梯段 II 的楼梯轮廓线，由灭点向梯段 I 立面图各角做连线并延长，得到楼梯轮廓线。

V

根据之前介绍的方法绘制轮廓线

绘制出楼梯范围控制线

6

根据三等分线绘制梯段Ⅰ的楼梯轮廓线。

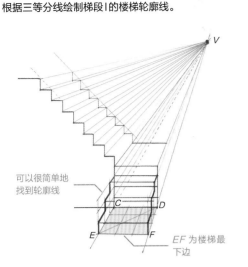

可以很简单地
找到轮廓线

EF 为楼梯最
下边

7

绘制扶手。

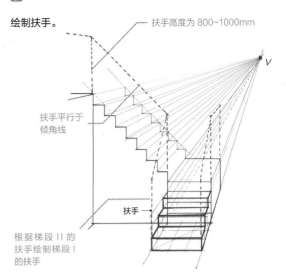

扶手高度为 800~1000mm

扶手平行于
倾角线

扶手

根据梯段Ⅱ的
扶手绘制梯段Ⅰ
的扶手

8

清除辅助线，完成。

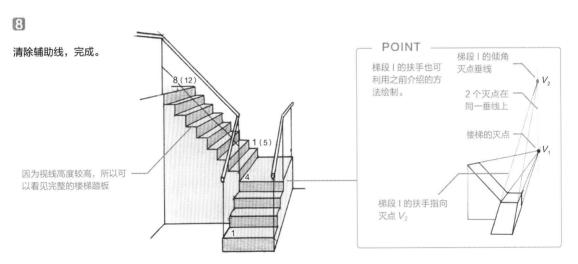

因为视线高度较高，所以可
以看见完整的楼梯踏板

8（12）

1（5）

4

1

POINT

梯段Ⅰ的扶手也可
利用之前介绍的方
法绘制。

梯段Ⅰ的倾角
灭点垂线

2 个灭点在
同一垂线上

楼梯的灭点

梯段Ⅰ的扶手指向
灭点 V_2

V_2

V_1

第
1
章
建筑基础知识

第
2
章
透视图的基础知识

第
3
章
建筑透视图

第
4
章
室内透视图

第
5
章
风景、街景的画法

第
6
章
明影的画法

COLUMN

楼梯的常见尺寸

在建筑施工中，根据楼梯的材料、建造方式和使用场合，楼梯各部件尺寸范围都有明确
规定 ❶。例如住宅中的楼梯倾角可以达到 35°～45°，但医院等公共建筑的坡道倾角不可
大于 1/8。一般来说扶手高度为 800～1000mm，但也有要求设计高扶手的情况，或要求在
650mm 处另外增加扶手（幼儿园）。

住宅楼梯各部位的尺寸规定

	楼梯种类	梯段、平台宽 /mm	踢板高 /mm	踏板宽 /mm	平台设置	平台长度 /mm
1	普通住宅的楼梯	≥ 750	≤ 230	≥ 150		
2	集合住宅的共用楼梯	≥ 750	≤ 220	≥ 210	高差 ≤ 4m	≥ 1200
3	单层面积大于 100m² 或二层及以上面积相加大于 200m² 的（2）中的楼梯	≥ 1200	≤ 200	≥ 240		

❶ 此处尺寸为作者根据日本建筑规范所列，可作为参考。设计中还应符合中国建筑设计相关规范。

4.10
有楼梯的中庭
空间

中庭空间一般都会兼具垂直交通的功能，因此楼梯、扶梯是中庭空间的标配。本节我们将尝试绘制一个有两段楼梯的中庭空间的一点透视图。虽然楼梯的倾角线具有其不同于空间灭点的倾角灭点，但如果两段楼梯倾角相同，则共享一个灭点。

有两段楼梯的中庭空间一点透视图

首先从第一段楼梯开始绘制，因为两段楼梯倾角相同，因此共享一个灭点。

1

在一点透视图中绘制楼梯平面图。并标出楼梯高度。

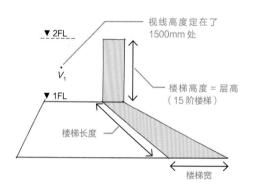

▼ 2FL
视线高度定在了1500mm 处
V_1
楼梯高度 = 层高（15 阶楼梯）
▼ 1FL
楼梯长度
楼梯宽

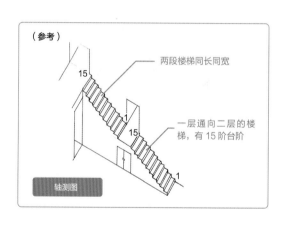

（参考）

两段楼梯同长同宽

15

1

15

一层通向二层的楼梯，有 15 阶台阶

1

轴测图

2

连接CA并延长，与灭点V_1的垂线交于倾角灭点V_2。

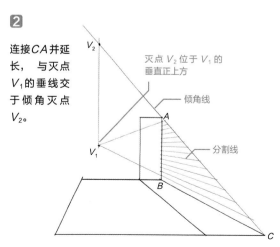

V_2

灭点 V_2 位于 V_1 的垂直正上方

倾角线

A

分割线

V_1

B

C

3

在墙面上绘制楼梯梯段轮廓线。

FD 的延长线也指向 V_2

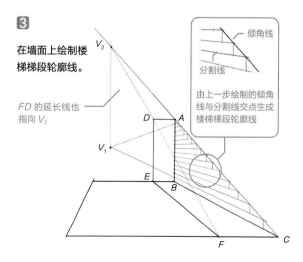

V_2

倾角线

分割线

由上一步绘制的倾角线与分割线交点生成楼梯梯段轮廓线

D   A

V_1

E   B

F   C

4

绘制梯段。

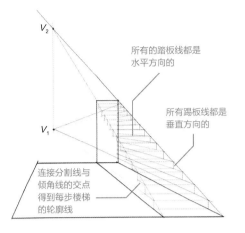

V_2

所有的踏板线都是水平方向的

所有踢板线都是垂直方向的

V_1

连接分割线与倾角线的交点得到每步楼梯的轮廓线

5

得到楼梯轮廓线。

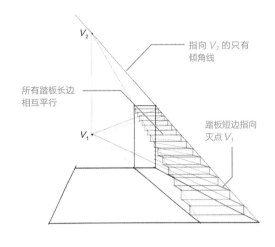

V_2

指向 V_2 的只有倾角线

所有踏板长边相互平行

V_1

踏板短边指向灭点 V_1

第 1 章 建筑基础知识

第 2 章 透视图的基础知识

第 3 章 建筑透视图

第 4 章 室内透视图

第 5 章 风景、街景的画法

第 6 章 阴影的画法

6

绘制二层向三层的楼梯，与各楼梯扶手。

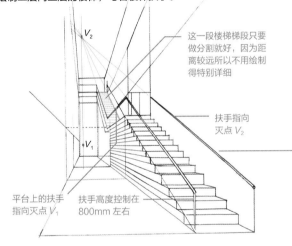

V_2

这一段楼梯梯段只要做分割就好，因为距离较远所以不用绘制得特别详细

扶手指向灭点 V_2

V_1

平台上的扶手指向灭点 V_1

扶手高度控制在 800mm 左右

POINT

如右图所示，只有与倾角线平行的线指向灭点 V_2，其余都指向灭点 V_1。

V_2

楼梯 II

V_1

楼梯 I

倾角相同的楼梯，无论位置在何处都共享同一灭点 V_2

7

绘制细节，完成。

旁边的建筑楼层分割线也与楼梯共享空间灭点 V_1

视线高度在人视高度范围内，因此二层向三层的楼梯踏步面不可见

4.11
室内的倾斜物件

之前介绍过利用透视方格绘制室内物件的方法。虽然很简便，但有时会有物件并不能嵌入方格的情况，因此本节我们介绍不利用透视方格的室内物件透视图画法。

要特别注意，有些物件并不与透视图共享一个灭点，这时我们需要先找出这些倾斜物件的灭点，再绘制透视图。

利用透视方格绘制倾斜的装饰墙

这里我们首先复习一下利用透视方格的室内物件绘制方法。

1

首先在室内透视图中绘制出辅助方格❶。

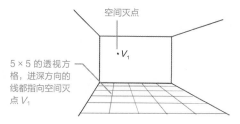

空间灭点

5×5 的透视方格，进深方向的线都指向空间灭点 V_1

2

在方格中标出斜墙的平面 AB，延长 AB 与灭点 V_1 的水平线交于点 V_2。

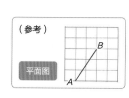

（参考）

平面图

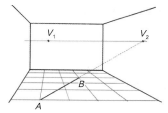

3

利用灭点 V_1 绘制出斜墙高度 BB'。

连接 BV_1 与墙面交于点 C，由 C 作垂线得到与天花的交点 C'，延长 V_1C' 与 B 点的垂线交于点 B'，BB' 即为斜墙的高

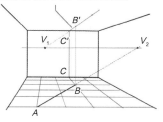

4

利用灭点 V_2 绘制出斜墙轮廓线。

V_2B' 的延长线与 A 点的垂线交于点 A'，AA' 即为斜墙另一侧的高度

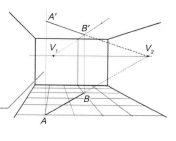

5

连接 $ABB'A'$。

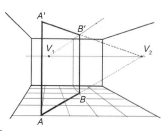

6

绘制细节，完成。

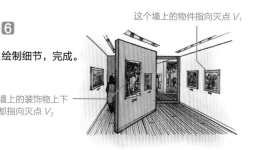

这个墙上的物件指向灭点 V_1

斜墙上的装饰物上下边都指向灭点 V_2

❶ 透视方格的绘制方法参见 78 页。

无法嵌入方格的倾斜装饰墙

利用之前介绍的不等分分割法（49 页）绘制房间中央的装饰腰墙 ❶ 的透视图。

1

绘制房间的一点透视图，将房间平面图放在透视图上方。

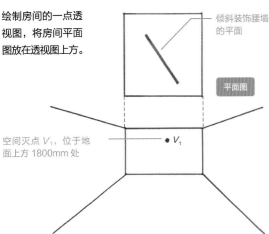

倾斜装饰腰墙的平面

平面图

空间灭点 V_1，位于地面上方 1800mm 处

2

在平面中绘制 CD 两点的水平与垂直线。

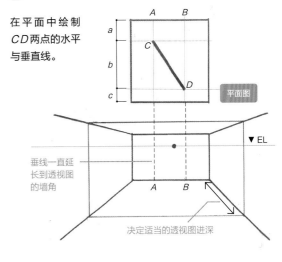

平面图

▼ EL

垂线一直延长到透视图的墙角

决定适当的透视图进深

3

将一侧墙壁按 $a：b：c$ 分割，并从 V_1 作连线并延长。

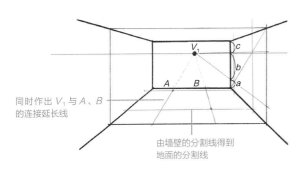

同时作出 V_1 与 A、B 的连接延长线

由墙壁的分割线得到地面的分割线

4

由两对辅助线得到腰墙的两端点 CD。

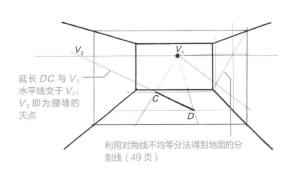

延长 DC 与 V_1 水平线交于 V_2，V_2 即为腰墙的灭点

利用对角线不均等分法得到地面的分割线（49 页）

5

根据视线高度决定适当的腰墙高度，利用灭点 V_2 绘制出腰墙轮廓。

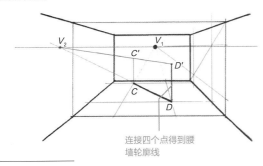

连接四个点得到腰墙轮廓线

6

绘制细节，完成。

❶ 指墙高低于腰（FL+900mm 左右）的矮墙。

第 1 章 建筑基础知识

第 2 章 透视图的基础知识

第 3 章 建筑透视图

第 4 章 室内透视图

第 5 章 风景・街景的画法

第 6 章 明影的画法

让我们尝试利用之前介绍的方法绘制室内装饰柱吧。

1

首先绘制室内透视图并将平面图绘制在透视图上方。

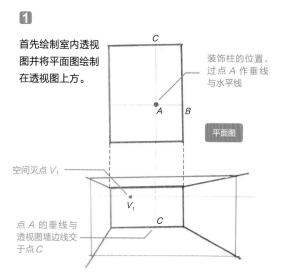

装饰柱的位置，过点 A 作垂线与水平线

平面图

空间灭点 V_1

点 A 的垂线与透视图墙边线交于点 C

2

在一侧墙壁上绘制出 $a:b$ 的分割线，并利用对角线分割法得到点 B' 的位置。

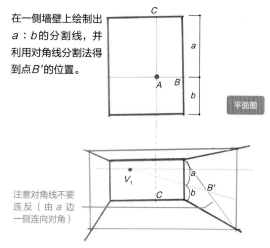

平面图

注意对角线不要连反（由 a 边一侧连向对角）

3

由 B' 点作垂线得到地面的分割点 B。延长 V_1C 与 B 点的水平线交于点 A。得到柱子的位置。

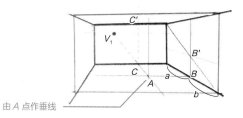

由 A 点作垂线

4

再连接 V_1C' 并延长，与 A 点垂线交于点 A'，AA' 即为装饰柱的高度。

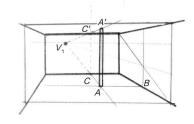

5

绘制细节，完成。

不利用透视方格也可以得到物件的准确透视图

窗户对面的湖与海、地平线应与视线高度平齐

4.12
室内观赏植物

各 种装饰植物是绘制透视图时不可缺少的要素之一 ❶，除了在室外透视图中用来表现建筑尺度之外，室内透视图中的植物还可以起到烘托氛围、表现空间活力的作用。透视图中的植物也要遵循空间的透视原则，切不可直接将平面植物绘制到透视图中。

第 1 章 建筑基础知识

第 2 章 透视图的基础知识

第 3 章 建筑透视图

第 4 章 室内透视图

第 5 章 风景、街景的画法

第 6 章 阴影的画法

装饰植物的种类

室内装饰植物有千千万万种，不可能介绍全部的画法。因此这一部分笔者以高度分类，分别介绍一些常见的装饰植物画法，当我们想要在室内绘制其他种类的植物时，只要参照类型相似的画法就可以了。

大型（100cm及以上）

需7号及以上花盆，多放于地面上。

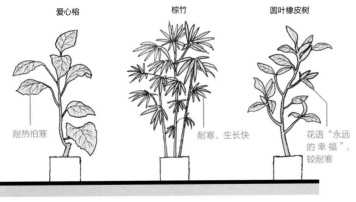

爱心榕　　　棕竹　　　圆叶橡皮树

耐热怕寒

耐寒、生长快

花语"永远的幸福"，较耐寒

特别受欢迎的心形大叶片植物，比较适合种植于欧式房间中

东南亚的植物品种，很适合和室的装修风格

种类繁多，可以根据个人喜好挑选

中型（50~100cm）

需6~8号花盆，常用于地面或阳台装饰。

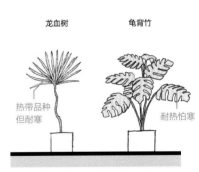

龙血树　　　龟背竹

热带品种但耐寒

耐热怕寒

细长的叶片给人一种清凉感

因其独特形状的大叶片受到人们的喜爱

小型（50cm及以下）

使用3~5号花盆使用种植，常用于装饰桌面，也可成片种植。

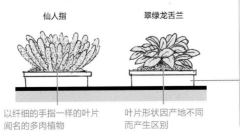

仙人指　　　翠绿龙舌兰

以纤细的手指一样的叶片闻名的多肉植物

叶片形状因产地不同而产生区别

┌─ **POINT** ─
日本的花店中，花盆常以几号作区分。1号花盆直径3cm，7号花盆直径21cm。

花盆形状各式各样

❶ 视线高度极端时除外。

叶片形状要形象

　　虽说观赏植物也要符合室内透视原则，但不必过多在意灭点的位置，只要能表现出植物的立体感即可。其中最重要的是各种植物的叶片形象。可以说植物的叶片就像人的脸，如果绘制得不形象则很难区分品种。

细叶片要自然下垂

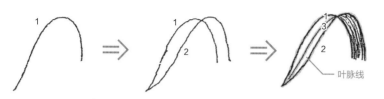

绘制细叶片时，可以先画出一条自然下垂的线1，然后画出重叠交叉的线2，最后在中间画出叶脉线3，得到一个形象的叶片。

可以参照实物照片绘制

大叶片要画出边缘的细节

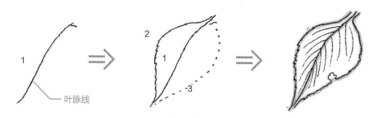

绘制大叶片时，可以先绘制叶脉线1，然后再绘制两侧的叶片形状。

像这种大片的远景植物就不需要绘制出每片叶子的细节了

大型植物要表现出不同状态的叶片

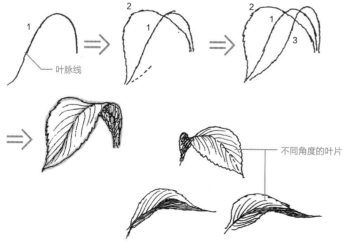

绘制大型装饰植物时，应表现出不同角度、不同形态的叶片，这样植物才更自然，更有活力。

植物不需要画出透视效果

不同角度的叶片

花盆要绘制出透视效果

摆满植物的房间

让我们尝试绘制摆满植物的房间的室内一点透视图吧。

1

先准备好植物的草稿图。要注意植物和花盆的比例。

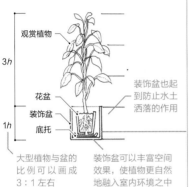

观赏植物

3*h*

花盆
装饰盆
底托

1*h*

大型植物与盆的比例可以画成3 : 1左右

装饰盆也起到防止水土洒落的作用

装饰盆可以丰富空间效果，使植物更自然地融入室内环境之中

POINT

各种不同的装饰盆，可根据室内风格挑选匹配的材料与样式。

方形 × 木质

圆筒形 × 藤制

圆筒形 × 陶制

2

在室内透视图中画出花盆，并按比例勾出植物的绘制范围。

V

方盆可更突出植物的立体效果

3

将植物草稿画到范围线中，清除辅助线，完成。

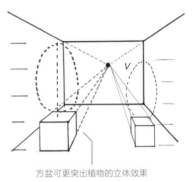

*V*₂ *V*₁ ▼ EL *V*₃

因为视线高度较高，所以应绘制出花盆中的石头、沙土等细节

可以将植物草稿直接复制进来，但根部与花盆的连接处要画得自然些

倾斜花盆要利用之前介绍的方法绘制

POINT

很少有哪个房间按照上图的风格布置装饰植物。透视图中，我们应根据想要表达的室内风格合理搭配远景与近景的植物。

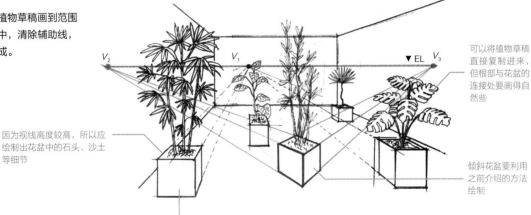

远景植物可以画得随意一些（150页）

同时表现出庭院中的植物，丰富透视图内容

近景植物要画出叶片细节

第1章 建筑基础知识

第2章 透视图的基础知识

第3章 建筑透视图

第4章 室内透视图

第5章 风景·街景的画法

第6章 阴影的画法

4.13
室内两点透视图

两点透视图可以更形象地表现室内空间特点。因为两点透视图中没有一点透视图那种水平方向相互平行的线，所以空间更加活跃、更自然。两点透视图中一定要把握好两个灭点的距离，过近会使空间严重变形。

两面墙壁的室内两点透视图

将两个灭点定于房间之外，就可以绘制出表现两面墙壁的室内两点透视图。两点透视图中垂直方向的线依然保持垂直，所以我们可以以垂线为基准线绘制两点透视图。

1

绘制两面墙壁的相交线 AB，并取适当的视线高度，画出视线高度线。

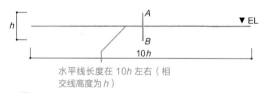

水平线长度在 $10h$ 左右（相交线高度为 h）

2

在水平线上定出两点灭点，由灭点向 AB 作连线并延长。

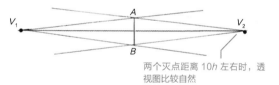

两个灭点距离 $10h$ 左右时，透视图比较自然

3

决定适当的墙壁长度，画出墙壁边线 CD、EF。

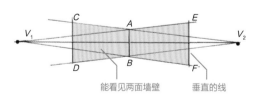

能看见两面墙壁　垂直的线

4

连接 V_1 与 CD、V_2 与 EF 并延长，交于上下两点，得到屋顶与地面的轮廓线。

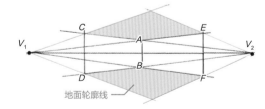

地面轮廓线

5

绘制室内细节。

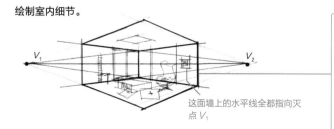

这面墙上的水平线全都指向灭点 V_1

POINT

在这种透视图中，靠近我们一侧的两面墙壁一般不会表示出来。

6

清除辅助线，完成。

绘制室外的景色，可以表现空间通透感

垂线保持垂直

不会出现水平方向相互平行的线

第1章 建筑基础知识

第2章 透视图的基础知识

第3章 建筑透视图

第4章 室内透视图

第5章 风景、街景的画法

第6章 阴影的画法

三面墙壁的室内两点透视图

两个灭点其中一个位于房间内，透视图则同时包含三面墙壁。

1

绘制正面墙壁的展开图，并画出视线高度线。

视线高度线定在了房间高度一半的位置 ❶
（一般定在人坐着时眼睛的高度上）

（参考）

展开图（3面）

透视图正面的墙

平面图

视线与地面平行，且不与墙面正交

SP

2

在距离墙AB $1h$的位置定一点V_2，$5h$的位置定一点V_1，得到两灭点。

两个灭点位于同一视线高度线上

这是笔者常用的灭点定位法，也可以根据经验自行决定灭点的位置

3

连接A、B与V_1，C、D与V_2，得到交点EF。

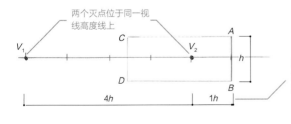

连接C、D与V_2，A、B与V_1

❶ 一定在地板与天花板之间（FL±0~天花板高度）。

131

4

连接ABFE得到正面墙的透视图。

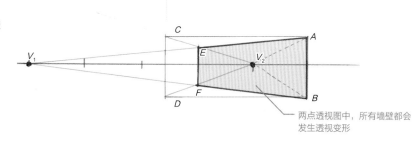

两点透视图中，所有墙壁都会发生透视变形

5

连接CDFE得到左侧墙，连接V_2与A、B并延伸，决定右侧适当的进深，得到右侧墙的轮廓线。

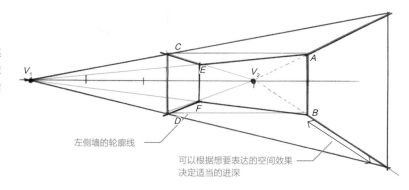

左侧墙的轮廓线

可以根据想要表达的空间效果决定适当的进深

6

绘制室内家具等细节。

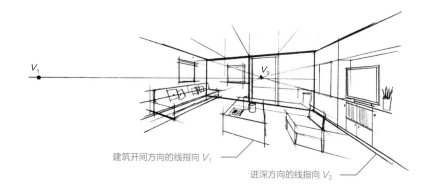

建筑开间方向的线指向 V_1

进深方向的线指向 V_2

7

清除辅助线，完成。

墙壁上的挂画等与墙壁共享一个灭点

距离较近的物品要绘制出细节

4.14
室内透视图要
表达室内特色

本节我们总结一下如何根据想要表达的室内特色及氛围决定室内透视图的画法。

第1章　建筑基础知识

第2章　透视图的基础知识

第3章　建筑透视图

第4章　室内透视图

第5章　风景、街景的画法

第6章　阴影的画法

最适合的表达方法

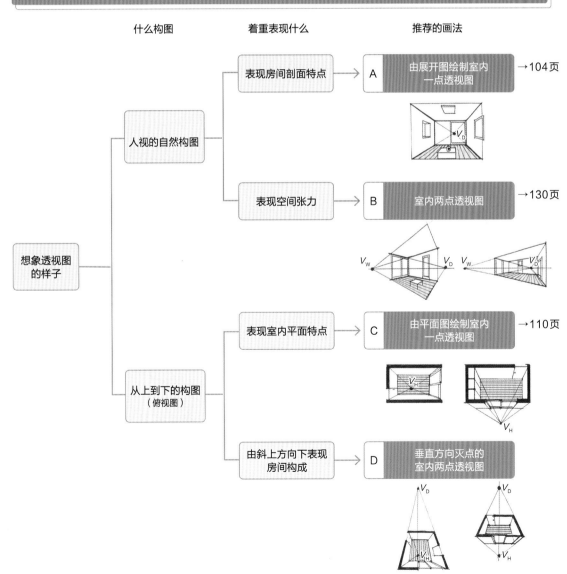

什么构图　　　　　着重表现什么　　　　　推荐的画法

人视的自然构图

表现房间剖面特点　→　A　由展开图绘制室内一点透视图　→104页

表现空间张力　→　B　室内两点透视图　→130页

想象透视图的样子

从上到下的构图（俯视图）

表现室内平面特点　→　C　由平面图绘制室内一点透视图　→110页

由斜上方向下表现房间构成　→　D　垂直方向灭点的室内两点透视图

总结一下前文介绍的透视图画法吧。

A：由展开图绘制的室内一点透视图

比较中规中矩的表现手法，可以
同时表现三面墙壁及天花板和地
板的样子。

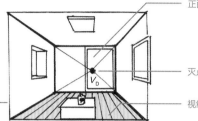

正面的展开图不发生透视变形

灭点位于正面墙面中

以展开图或剖面图为基准图绘
制，后者也叫剖透视图

视线高度在 0m 时看不到地面

B：水平方向灭点的室内两点透视图

可以更自然地表现空
间氛围，根据灭点的
位置可以改变想要表
达的墙面数量。

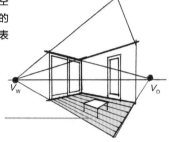

没有水平方向相互平行
的线，因此透视图更自
然，更有活力

一个灭点位于房间中的透视图可以同时表达出三面墙壁。

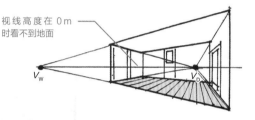

视线高度在 0 m
时看不到地面

C：由平面图绘制室内一点透视图

由上向下看到的室内透视
图，可以更准确地表达室
内布局及平面特点。

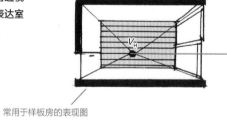

常用于样板房的表现图

POINT

灭点在房间外部
时，可以表现出一
侧的立面形象，但
本侧的室内形象则
会被遮盖住。

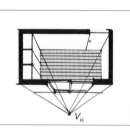

D：垂直方向灭点的室内两点透视图

由斜上方向下看到的室内透
视图，是本书中没有介绍的
室内透视图画法，可以根据
已学习的绘制方法推理出这
一类透视图的画法。

建筑进深方向的
墙壁也会发生透
视变形

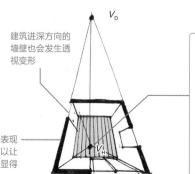

一般很少使用这种表现
形式，这种画法可以让
表现平面的透视图显得
更有张力

POINT

将两个灭点都定在
房间外部时，可以
表现出一侧的立面
形象，但会遮盖住
一侧的室内墙壁。

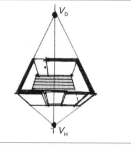

第 **5** 章

风景、街景
的画法

5.1
上坡的街景

"**怎**么画都不像是坡道",经常有学生问如何表达上下坡的道路。其实原理很简单,在一点透视图中所有与我们视线方向平行的物品都会指向同一个灭点。如果有一段路它的灭点在透视图灭点的上方,那么这一段路就会明显表现为一段上坡,如果相反,那就会是一段下坡路了。

坡道绘制的基本原理

为了更好地表现坡道的"倾斜感",我们可以将坡道的灭点和透视图灭点的距离稍微拉大些。

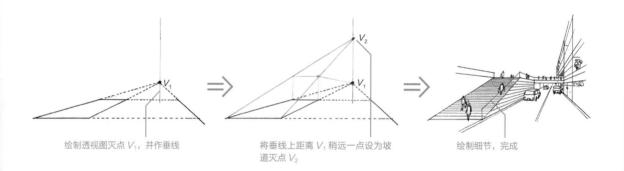

绘制透视图灭点 V_1,并作垂线

将垂线上距离 V_1 稍远一点设为坡道灭点 V_2

绘制细节,完成

上坡的一点透视图(仰视)

下面我们介绍上坡的一点透视图画法。为了表现坡道的"倾斜感",我们将倾斜度定为 20%(在现实中会是一段很陡的路)。

绘制透视图截取的街道剖面,
并确定灭点 V_1 的位置。

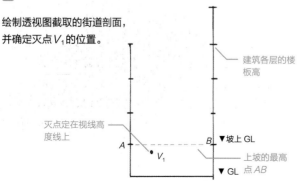

建筑各层的楼板高

灭点定在视线高度线上

A

B ▼坡上 GL

V_1

上坡的最高点 AB

▼ GL

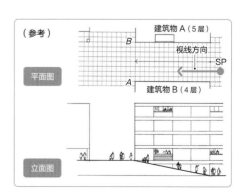

(参考)

建筑物 A(5层)

B

视线方向

平面图

SP

A

建筑物 B(4层)

立面图

2

将剖面图各点与 V_1 相连，并
作反向延长线。

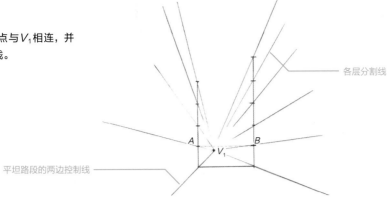

各层分割线

平坦路段的两边控制线

3

决定坡道最低点 C、D 的位
置，并与最高点 A、B 相连，
交于点 V_2。V_2 即为这一段
坡道的灭点。

V_2 位于 V_1 垂直正上方

这一条线就是坡道的倾角线

决定适当的进深

坡道最高处

坡道最低处

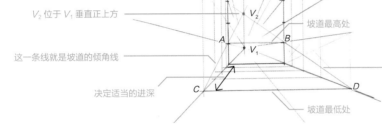

POINT

从正面看坡道的样子，坡
道灭点依然在透视图灭点
正上方。

坡道部分
的平行线
指向 V_2

平坦路段的平行
线指向 V_1

4

绘制街道细节。

建筑进深方向的平行线
全部指向 V_1

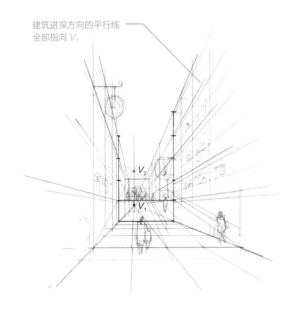

5

清除辅助线，完成。

比视线高度更
高的地面不用
绘制

要注意铺砖也遵循透视变形原则

高度方向的线无论在哪
里都一直是垂线

第1章 建筑基础知识

第2章 透视图的基础知识

第3章 建筑透视图

第4章 室内透视图

第5章 风景、街景的画法

第6章 阴影的画法

上坡的一点透视图（俯视）

前面我们介绍了上坡的仰视画法，那么这次我们将视线高度拉高，尝试绘制上坡的俯视画法吧。

1

绘制街道剖面，将剖面各点与灭点相连并作反向延长线。

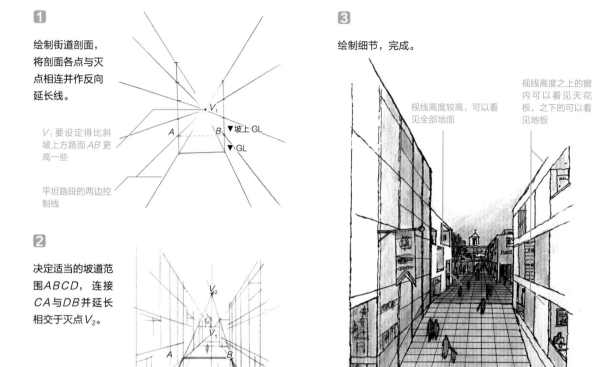

V_1 要设定得比斜坡上方路面 AB 更高一些

平坦路段的两边控制线

3

绘制细节，完成。

视线高度较高，可以看见全部地面

视线高度之上的窗内可以看见天花板，之下的可以看见地板

2

决定适当的坡道范围 $ABCD$，连接 CA 与 DB 并延长相交于灭点 V_2。

下坡的一点透视图

下坡与上坡相反，坡道的灭点 V_2 位于透视图灭点 V_1 的垂直正下方。下面让我们来尝试绘制下坡的一点透视图吧。

1

绘制街道剖面，并定出灭点 V_1 的位置（视线高度要定在较高处）。

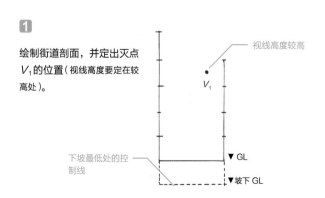

视线高度较高

下坡最低处的控制线

▼GL

▼坡下 GL

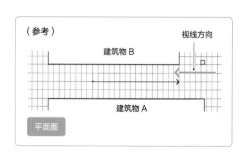

（参考）

视线方向

建筑物 B

建筑物 A

平面图

2

由 V_1 向剖面各点
连线并延长。

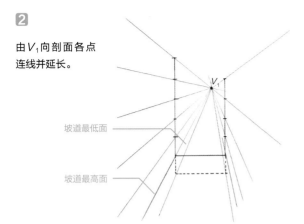

坡道最低面

坡道最高面

3

在 V_1 垂直正下方
定一点 V_2 作为坡
道灭点。

V_2 一定在 V_1 的垂
线上，高度比 V_1
低即可

4

从最高处 AB 向 V_2 连线，与坡道最低面的两侧控制线相交于
CD。

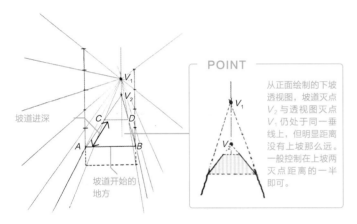

坡道进深

C　D

A　B

坡道开始的
地方

POINT

从正面绘制的下坡
透视图，坡道灭点
V_2 与透视图灭点
V_1 仍处于同一垂
线上，但明显距离
没有上坡那么远。
一般控制在上坡两
灭点距离的一半
即可。

V_1

V_2

5

连接 CD 两点与 V_1。得到下坡后的平坦
路段边线。

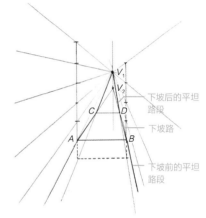

下坡后的平坦
路段

下坡路

下坡前的平坦
路段

6

绘制细节。

建筑的灭点是透视图灭点 V_1

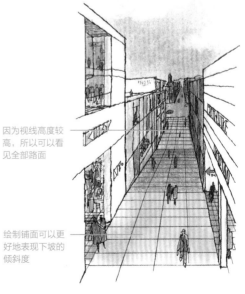

7

清除辅助线，完成。

因为视线高度较
高，所以可以看
见全部路面

绘制铺面可以更
好地表现下坡的
倾斜度

5.2
曲折道路的街景

曲折道路其实并不难绘制，只需先找灭点，后画透视图，一步一步绘制即可。曲折道路往往是由一排互相呈一定角度倾斜的建筑围合而成。倾斜的建筑每一栋都有自己的灭点，而这一系列灭点都应与透视图灭点保持在同一水平线上。下面就让我们按照这个逻辑尝试绘制曲折道路的街景透视图吧。

绘制曲折道路的小技巧

曲折道路多由一排互相呈一定角度倾斜的建筑围合而成，但也有呈弧线的道路。遇到这种道路时，我们最好也将其改为折线，找到对应灭点，绘制完建筑后再将街道改为弧形。

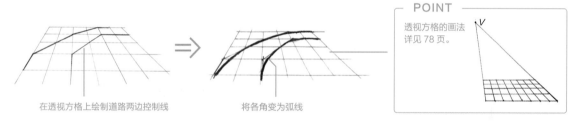

在透视方格上绘制道路两边控制线

将各角变为弧线

> ┌ POINT ──────
> 透视方格的画法
> 详见 78 页。

曲折道路的一点透视图

我们会发现欧洲很多国家的道路与我们不同，多呈现出曲折、弧线的样子。下面我们就来尝试绘制曲折道路的一点透视图吧。

1

在透视方格中画出道路两边控制线。

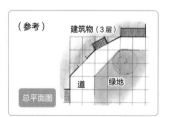

（参考）

建筑物（3层）

道　绿地

总平面图

V_1

透视图灭点

▼ EL

画出视线高度线

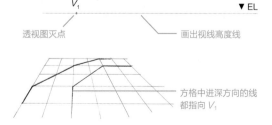

方格中进深方向的线都指向 V_1

2

在通过 V_1 的水平线上找到折现路段其他部分的灭点 V_2、V_3。

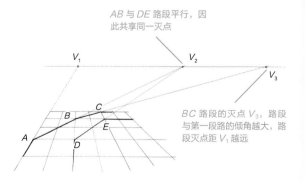

AB 与 DE 路段平行，因此共享同一灭点

BC 路段的灭点 V_3，路段与第一段的倾角越大，路段灭点距 V_1 越远

3

画出建筑高度线，并定好各层分割点。

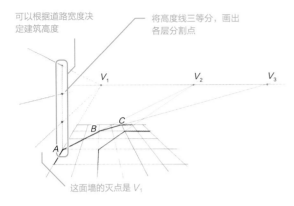

可以根据道路宽度决定建筑高度

将高度线三等分，画出各层分割点

这面墙的灭点是 V_1

4

延长 AB 与灭点 V_1 的水平线交于点 V_2，根据灭点 V_2 画出这一面墙的轮廓。

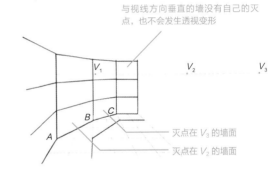

连接各层分割点与对应灭点，得到各层分割线

5

重复上个步骤得到后面的墙面。

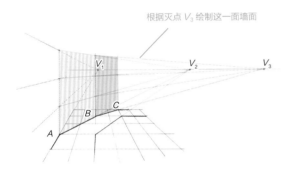

根据灭点 V_3 绘制这一面墙面

6

绘制出完整的建筑轮廓。

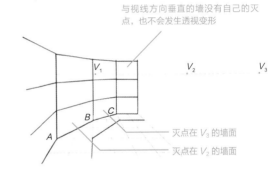

与视线方向垂直的墙没有自己的灭点，也不会发生透视变形

灭点在 V_3 的墙面

灭点在 V_2 的墙面

7

画出道路配景与建筑细节。

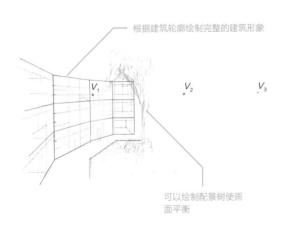

根据建筑轮廓绘制完整的建筑形象

可以绘制配景树使画面平衡

8

清除辅助线，完成。

正面墙进深方向的线条全部指向灭点 V_1

第 1 章　建筑基础知识

第 2 章　透视图的基础知识

第 3 章　建筑透视图

第 4 章　室内透视图

第 5 章　风景、街景的画法

第 6 章　阴影的画法

141

5.3
有成排倾斜屋顶建筑的街道

成排的木结构倾斜屋顶建筑是日本街景的一大特色。但是每一个屋顶都有其自己的灭点，使这一类街道透视图十分难以绘制。因此为了简化操作，我们可以将同一方向的屋顶都设定为同一倾角。这样它们就共享一个灭点，可大幅降低绘制难度。

成排倾斜屋顶建筑的绘制原则

倾斜屋顶有其自己的灭点，因此绘制成排的倾斜屋顶建筑时，我们需要找到每一面屋顶的灭点，再根据灭点绘制建筑屋顶轮廓。

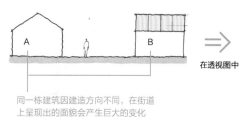

同一栋建筑因建造方向不同，在街道上呈现出的面貌会产生巨大的变化

在透视图中

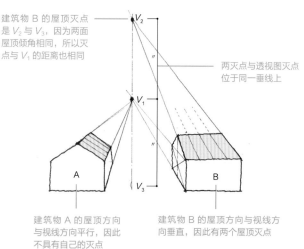

建筑物 B 的屋顶灭点是 V_2 与 V_3，因为两面屋顶倾角相同，所以灭点与 V_1 的距离也相同

两灭点与透视图灭点位于同一垂线上

建筑物 A 的屋顶方向与视线方向平行，因此不具有自己的灭点

建筑物 B 的屋顶方向与视线方向垂直，因此有两个屋顶灭点

有成排倾斜屋顶街道的一点透视图

为了降低绘制难度，这里将所有同一方向的屋顶都设定为同一倾角。

1

为了表示屋顶的特色，这里将视线高度定在了比较高的位置。

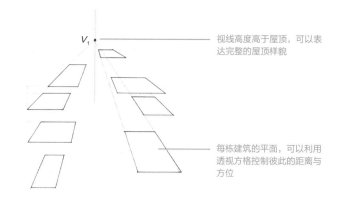

视线高度高于屋顶，可以表达完整的屋顶样貌

每栋建筑的平面，可以利用透视方格控制彼此的距离与方位

2

绘制每栋建筑的墙面高度。

每栋建筑高度不一定相同

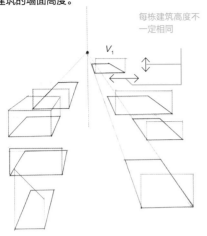

3

从 V_1 作垂线，并于上下各定一点 V_2、V_3 作为屋顶灭点。

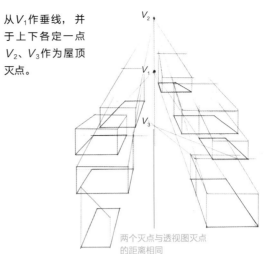

两个灭点与透视图灭点的距离相同

4

绘制建筑轮廓。

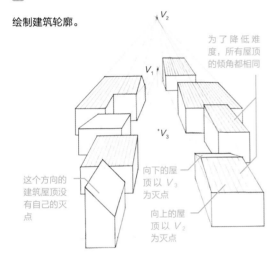

为了降低难度，所有屋顶的倾角都相同

这个方向的建筑屋顶没有自己的灭点

向下的屋顶以 V_3 为灭点

向上的屋顶以 V_2 为灭点

5

绘制细节及配景。

绘制配景树木丰富街道空间

6

清除辅助线，完成。

为了防止单调，将一些屋顶改为平屋顶

画出屋顶上的铺瓦分割线，可以强调屋顶的"倾斜感"

第 1 章 建筑基础知识

第 2 章 透视图的基础知识

第 3 章 建筑透视图

第 4 章 室内透视图

第 5 章 风景、街景的画法

第 6 章 阴影的画法

5.4
自由散布建筑的
街景

很 少有街道两侧的建筑以非常整齐、规则的方式排列的。在绘制自由散布的建筑时，我们依然要遵循先找灭点，再画建筑轮廓的步骤。当同时存在多座建筑时，我们可以先梳理灭点的个数❶，然后再画透视图，逻辑就会清晰得多。

利用透视方格绘制自由散布建筑的街角一点透视图

这一节我们介绍利用透视方格绘制自由散布建筑的街角一点透视图。

1

首先在透视方格中绘制建筑平面的轮廓。

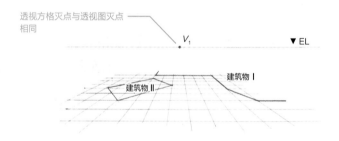

透视方格灭点与透视图灭点相同

V_1　▼ EL

建筑物 I

建筑物 II

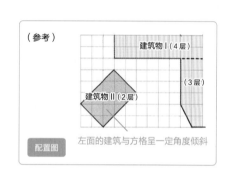

（参考）

建筑物 I（4层）

（3层）

建筑物 II（2层）

配置图

左面的建筑与方格呈一定角度倾斜

2

延长所有不与透视方格正交的线，与 V_1 的水平线交于各自的灭点。

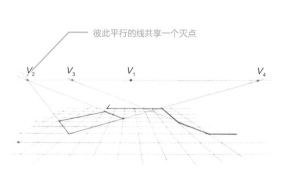

彼此平行的线共享一个灭点

V_2　V_3　V_1　V_4

3

从平面各角作垂线，并绘制正面墙壁的高度（这里是四层）。

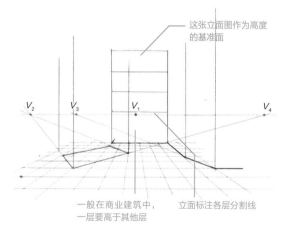

这张立面图作为高度的基准面

V_2　V_3　V_1　V_4

一般在商业建筑中，一层要高于其他层

立面标注各层分割线

---

❶ 很多线看上去是水平的，但其并不一定与视线方向平行，它们会聚集于与透视图灭点水平的其他点上。

4

根据四层建筑的高度，决定适当的左侧建筑高度。根据两个灭点位置画出建筑轮廓。

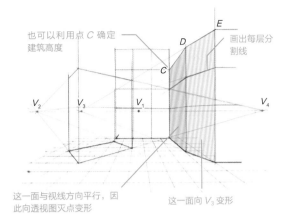

这一面墙向V_2变形

这一面墙向V_4变形

5

重复上一步，画出右侧建筑的轮廓。

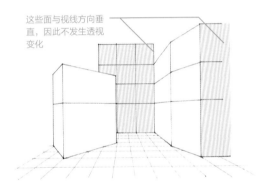

也可以利用点C确定建筑高度

画出每层分割线

这一面与视线方向平行，因此向透视图灭点变形

这一面向V_3变形

6

画出完整的建筑轮廓线。

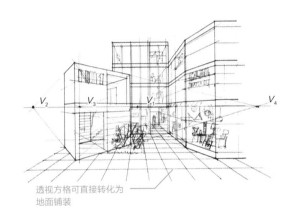

这些面与视线方向垂直，因此不发生透视变化

7

画出细节与配景。

透视方格可直接转化为地面铺装

8

清除辅助线，完成。

玻璃幕墙应画出室内的家具及物件。上色时应比周边淡一些

第1章 建筑基础知识

第2章 透视图的基础知识

第3章 建筑透视图

第4章 室内透视图

第5章 风景、街景的画法

第6章 阴影的画法

5.5
有多座扶梯的
中庭空间

在很多大型商场或其他公共场所中，经常可以看到装有多座扶梯的中庭空间。如果将每一部扶梯都设置为相同的倾角，那么它们就会共享一个灭点，透视图的绘制难度也会降低不少。

一点透视图中的扶梯

扶梯梯段与扶梯扶手倾角相同，因此共享同一灭点。

基本画法

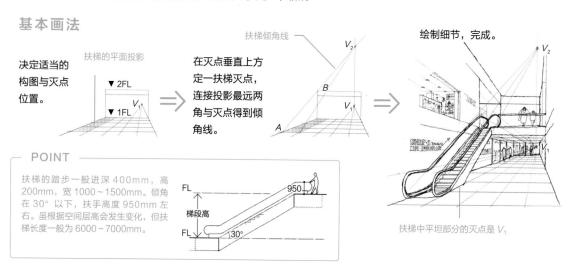

决定适当的构图与灭点位置。

扶梯的平面投影

▼ 2FL
▼ 1FL

在灭点垂直上方定一扶梯灭点，连接投影最远两角与灭点得到倾角线。

扶梯倾角线

绘制细节，完成。

扶梯中平坦部分的灭点是 V_1

┌─ POINT ─────────────────────────────────

扶梯的踏步一般进深400mm，高200mm，宽1000~1500mm。倾角在30°以下，扶手高度950mm左右。虽根据空间层高会发生变化，但扶梯长度一般为6000~7000mm。

FL
梯段高
FL
950
30°

倾角相同的扶梯共享一个灭点

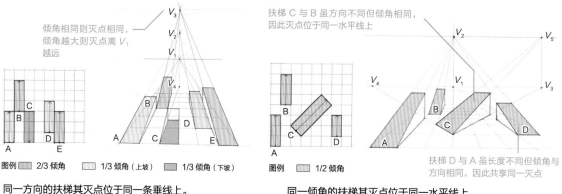

倾角相同则灭点相同，倾角越大则灭点离 V_1 越远

扶梯 C 与 B 虽方向不同但倾角相同，因此灭点位于同一水平线上

扶梯 D 与 A 虽长度不同但倾角与方向相同，因此共享同一灭点

图例 ▨ 2/3 倾角　□ 1/3 倾角（上坡）　▧ 1/3 倾角（下坡）

图例 ▨ 1/2 倾角

同一方向的扶梯其灭点位于同一条垂线上。

同一倾角的扶梯其灭点位于同一水平线上。

多部扶梯的商场中庭空间

这个四层高的商场中庭空间具有三部扶梯与一部楼梯，但它们的朝向与倾角都相同，因此共享一个灭点。

1

绘制一点透视的透视方格，并在其上画出扶梯的投影。在灭点垂直上方确定 V_2 的位置作为倾斜部分的灭点。连接 V_2 与投影远边两角。

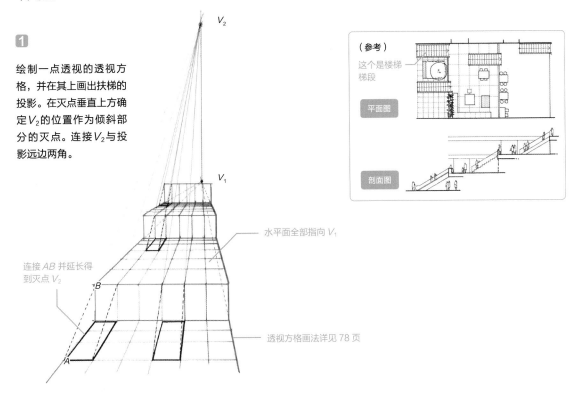

连接 AB 并延长得到灭点 V_2

（参考）

这个是楼梯梯段

平面图

剖面图

水平面全部指向 V_1

透视方格画法详见 78 页

2

清除方格得到透视图轮廓线。

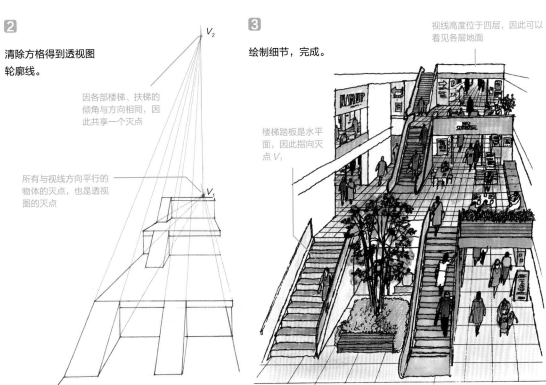

因各部楼梯、扶梯的倾角与方向相同，因此共享一个灭点

所有与视线方向平行的物体的灭点，也是透视图的灭点

3

绘制细节，完成。

视线高度位于四层，因此可以看见各层地面

楼梯踏板是水平面，因此指向灭点 V_1

第 1 章
建筑基础知识

第 2 章
透视图的基础知识

第 3 章
建筑透视图

第 4 章
室内透视图

第 5 章
风景、街景的画法

第 6 章
阴影的画法

147

5.6
有很多观众席的
体育馆内部

对于一个巨大的空间，如果在同一张透视图中表达全部细节会显得很奇怪。因此体育馆等大型公共空间，我们常选出一片想要重点表达的区域进行透视图的绘制。需要注意的是，体育馆倾斜的屋顶和上升的观众席分别具有自己的灭点。

选择简单的构图

因特殊的结构需求，体育馆一般很难做成平屋顶。为了降低难度，我们一般会绘制斜屋顶的体育馆室内透视图。

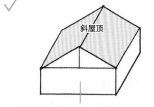

斜屋顶

透视图比较容易绘制（详见112页）

拱形屋顶

进深方向的透视图还比较好绘制。开间方向的透视图绘制难度很高

穹顶

各方位的透视图绘制难度都很高

有很多观众席的体育馆内部

向下倾斜的屋顶与向上倾斜的观众席都有自己的灭点。但与透视图灭点都位于同一垂线上。

1

绘制正面展开图轮廓，连接灭点 V_1 与各角并延长。连接屋顶灭点 V_2 与点 A、B 并延长。

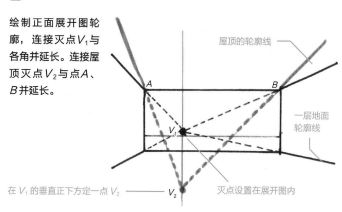

屋顶的轮廓线

一层地面轮廓线

在 V_1 的垂直正下方定一点 V_2

灭点设置在展开图内

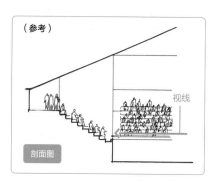

（参考）

视线

剖面图

2

将天花与墙面的交界线分为九段，便于绘制屋顶分割线。

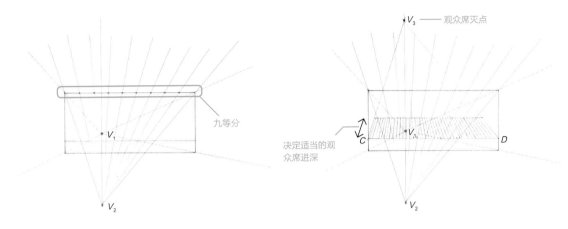

九等分

V_1

V_2

3

在灭点V_1垂直正上方定一点V_3作为观众席灭点。
连接C、D与V_3。

V_3 —— 观众席灭点

决定适当的观众席进深

C V_4 D

V_2

4

绘制细节，完成。

可以通过上色表达材质的区别

第1章 建筑基础知识

第2章 透视图的基础知识

第3章 建筑透视图

第4章 室内透视图

第5章 风景、街景的画法

第6章 阴影的画法

COLUMN

球场大小

右图介绍了不同种类运动场的国际标准尺寸。我们不难发现运动种类不同，其场地尺寸要求也不同。因此体育馆一般也有其主要面向的运动种类，如篮球馆、羽毛球馆等。

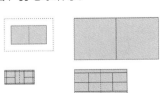

排球

3000~6000

14000~20000

8000

16000

室内足球

18000~22000

38000~42000

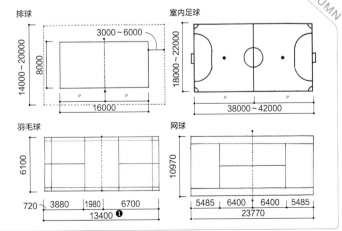

羽毛球

6100

720 3880 1980 6700

13400 ❶

网球

10970

5485 6400 6400 5485

23770

❶ 羽毛球场地图中省略了线宽40mm。

5.7
配景树的画法

在透视图中增加配景树，可以衬托出空间的活力感，使空间更自然。树种不同，其衬托出的氛围也会发生改变。一般在透视图中我们将配景树分为阔叶树、针叶树与常绿树三类。本节我们将分别介绍各类配景树的画法。

配景树的画法

绘制配景树时，最重要的一点就是各部位的比例关系。我们没有必要绘制像 127 页那种非常细致的树叶。但树冠与枝干的比例应把握准确。

基本画法

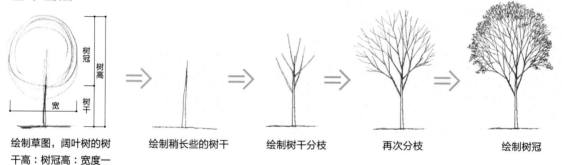

绘制草图，阔叶树的树干高：树冠高：宽度一般定为 1：2：2。

绘制稍长些的树干

绘制树干分枝

再次分枝

绘制树冠

放在透视图中

在透视图中变形的只有树的高度。与绘图者的距离不同，其树高也会发生变化。

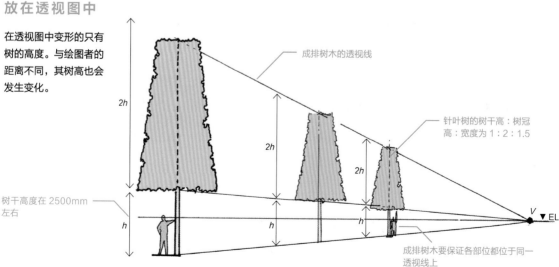

成排树木的透视线

针叶树的树干高：树冠高：宽度为 1：2：1.5

树干高度在 2500mm 左右

成排树木要保证各部位都位于同一透视线上

V ▼EL

阔叶树的画法

阔叶树茂密的树叶让人感到舒心。树叶掉落后的枝干也能表达出很强的季节感。

第1章 建筑基础知识

第2章 透视图的基础知识

第3章 建筑透视图

第4章 室内透视图

第5章 风景、街景的画法

第6章 阴影的画法

重叠枝干

为了表达出立体效果，我们可以画两套枝干并将其重叠。

枝干彼此重叠

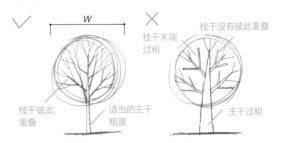

阔叶树的枝干一般都比较细，将枝干彼此重叠可以更好地表达出立体效果。

树叶要抽象

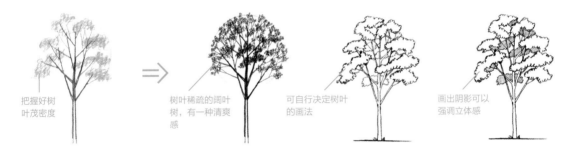

根据树叶茂密度表达出适当的树叶团即可，不用绘制过于详细，以免画面重点偏移。

区分树种

以下介绍比较有特色的几类配景树的画法。

针叶树

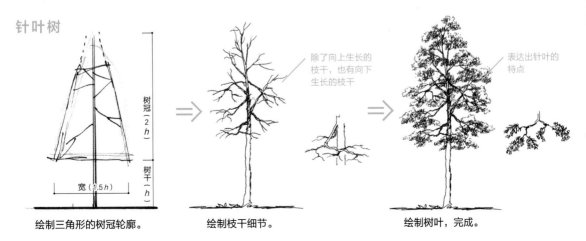

绘制三角形的树冠轮廓。　　绘制枝干细节。　　绘制树叶，完成。

151

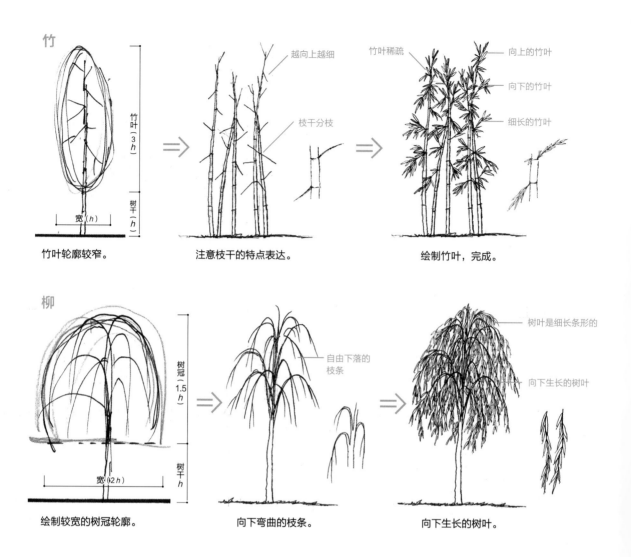

竹

竹叶轮廓较窄。

越向上越细

枝干分枝

注意枝干的特点表达。

竹叶稀疏

向上的竹叶

向下的竹叶

细长的竹叶

绘制竹叶，完成。

柳

绘制较宽的树冠轮廓。

自由下落的枝条

向下弯曲的枝条。

树叶是细长条形的

向下生长的树叶

向下生长的树叶。

绘制阔叶树丛

同种树种植在一起，就形成了树丛。下面我们介绍阔叶树丛的画法。

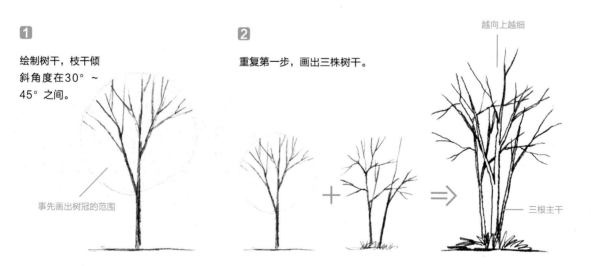

1

绘制树干，枝干倾斜角度在30°~45°之间。

事先画出树冠的范围

2

重复第一步，画出三株树干。

越向上越细

三根主干

3

添加枝干分枝。

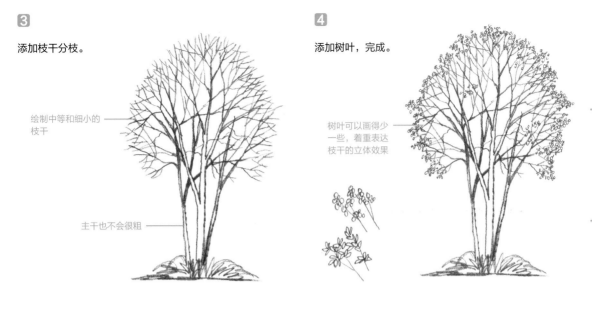

绘制中等和细小的
枝干

主干也不会很粗

4

添加树叶，完成。

树叶可以画得少
一些，着重表达
枝干的立体效果

从斜上方看到的树

　　绘制俯视透视图时的配景树，因为是从斜上方看到的，所以会看到一部分树顶，下方的枝干也会被遮住一部分。

1

绘制主干，并画出三
层分枝。

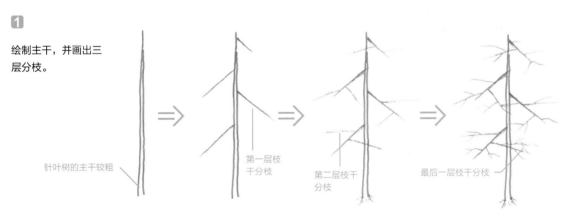

针叶树的主干较粗

第一层枝
干分枝

第二层枝干
分枝

最后一层枝干分枝

绘制树叶，完成。

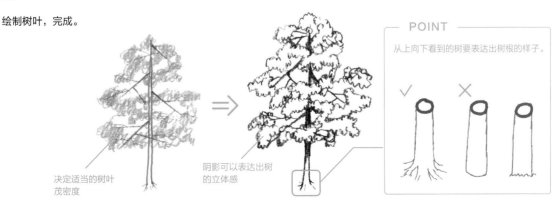

决定适当的树叶
茂密度

阴影可以表达出树
的立体感

POINT

从上向下看到的树要表达出树根的样子。

✓　　✕

第 1 章 建筑基础知识

第 2 章 透视图的基础知识

第 3 章 建筑透视图

第 4 章 室内透视图

第 5 章 风景、街景的画法

第 6 章 阴影的画法

5.8
配景的配置

并不是绘制得越细致、配景越多的透视图效果就越好。我们应该从整体把握，从构图层面配置配景。

本节着重介绍利用配景改善构图，及突出画面重点的技巧。

参差的配景增加进深感

大小不同，参差不齐的配景可以增加画面的进深感。

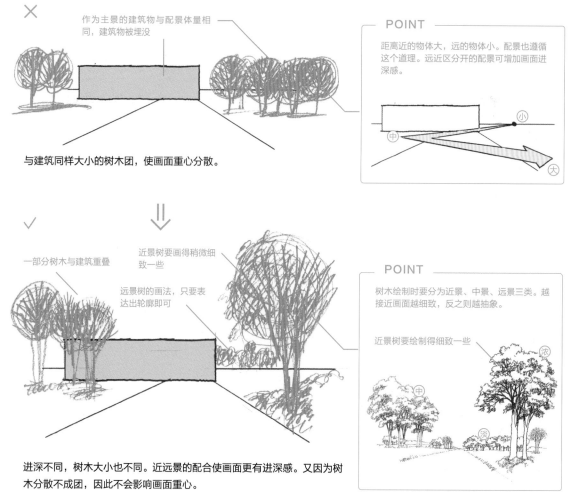

作为主景的建筑物与配景体量相同，建筑物被埋没

与建筑同样大小的树木团，使画面重心分散。

POINT

距离近的物体大，远的物体小。配景也遵循这个道理。远近区分开的配景可增加画面进深感。

近景树要画得稍微细致一些

远景树的画法，只要表达出轮廓即可

一部分树木与建筑重叠

POINT

树木绘制时要分为近景、中景、远景三类。越接近画面越细致，反之则越抽象。

近景树要绘制得细致一些

进深不同，树木大小也不同。近远景的配合使画面更有进深感。又因为树木分散不成团，因此不会影响画面重心。

利用配景调节画面平衡

有时候画面构图会影响画面平衡感。这时只需增加适当的配景，就可以重新找回平衡。

✕

内容全部在画面一侧，画面严重缺失平衡感。

想要表达的物体难以得到突出

POINT

画面构图应保证左右平衡

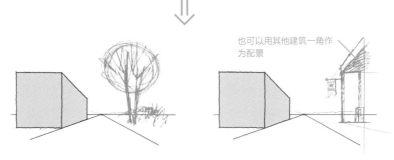

✓

在空白处画上适当尺寸的配景，画面找回平衡感。

也可以用其他建筑一角作为配景

突出重点的透视图

有时我们会发现具有进深感，且配景布置合理的透视图也难以表现建筑的特点。这时我们可以裁剪画面，删除多余的细节来突出画面重点。

1

准备好透视图。

2

框出想要表达的区域。

3

裁剪，完成。

配景只剩一半，极大地减小了存在感

图框起到"框景"的作用

第1章 建筑基础知识

第2章 透视图的基础知识

第3章 建筑透视图

第4章 室内透视图

第5章 风景 街景的画法

第6章 阴影的画法

5.9
尺度人的画法

尺度人可以丰富图面，也可以表达建筑尺度，甚至可以表达建筑功能。有躺着的人、坐着的人、站着的人……如何表达各式各样的人，是本节介绍的主要内容。

四等分法

将头顶、胸部、胯部、膝盖、地面定为控制点。

四步画法

首先画出四等分线与部位参考点，然后绘制出各部位轮廓，再画出人的整体轮廓，最后完善细节。

两根控制线的间距 ×4 就是尺度人的身高

坐着的情况

坐姿尺度人我们一般以头顶、胸部、膝盖、地面为四个控制点。

坐姿尺度人的肚脐一般在整体高度的一半处

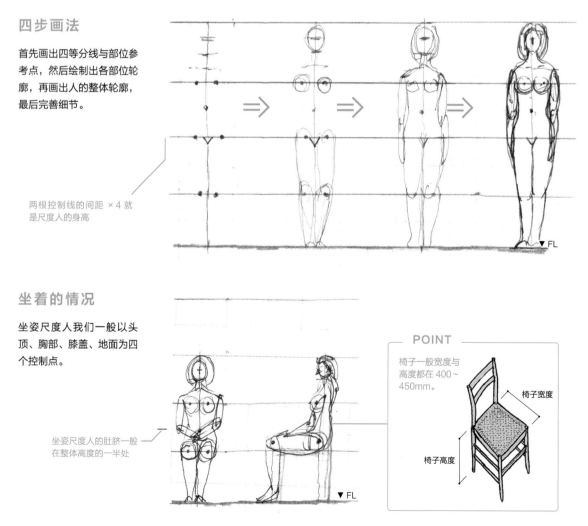

POINT

椅子一般宽度与高度都在 400～450mm。

椅子宽度

椅子高度

▼FL

六等分法

六等分法绘制简单，是一种尺度人的入门级画法。

不同姿势的尺度人画法

绘制标准方格，方格边长是人身高的1/6。头占一格、上身两格、腿三格，按比例填充各部位即可得到完整的尺度人。各种姿势的尺度人都可以按这个步骤绘制。

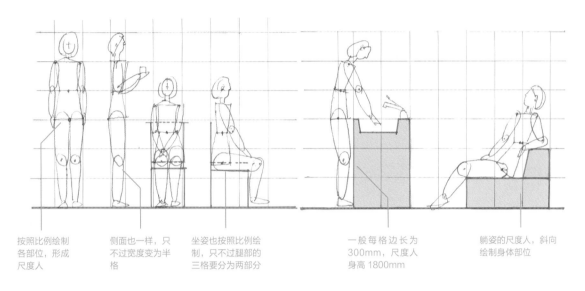

按照比例绘制各部位，形成尺度人

侧面也一样，只不过宽度变为半格

坐姿也按照比例绘制，只不过腿部的三格要分为两部分

一般每格边长为300mm，尺度人身高1800mm

躺姿的尺度人，斜向绘制身体部位

各种动作的尺度人

根据六等分法的标准尺度人，变化手脚的位置即可得到跳跃的、跑动的尺度人

在六等分法的基础上绘制不同方位的四肢，即可形成各种动作的尺度人。

小孩的画法

小孩按照头部、上身、腿部 0.5：1：2 的比例绘制，方格边长与大人的相同

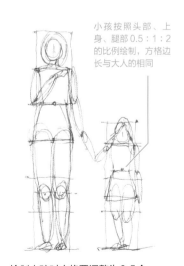

绘制小孩时方格要调整为3.5个。

第1章 建筑基础知识

第2章 透视图的基础知识

第3章 建筑透视图

第4章 室内透视图

第5章 风景、街景的画法

第6章 阴影的画法

将尺度人放入透视图中

透视图的表达主题是建筑物与空间。尺度人只起到配景和衡量尺度的作用。

远景尺度人的画法

远景尺度人只需要绘制人的轮廓。着重表达人的动作而不是细节。

利用四等分法（156 页）控制尺度人的比例

远景尺度人一般15～30 mm高。不用表达具体的四肢细节

着重绘制身体的动作。头部可以小一些

组合的尺度人要表达出人物关系

人物动作要与建筑功能相符合

近景尺度人的画法

近景尺度人着重表现建筑尺寸，因此要绘制出准确的高度。

伸手的尺度人可表示柜子的高度

尺度人的宽度也要按比例绘制

坐姿尺度人表示椅子与桌子的高度

尺度人的动作要表示出空间的使用方法

不同动作的尺度人表现空间的不同功能

绘制人群时要注意

正常视角的透视图中人群头部都位于视线高度线上。

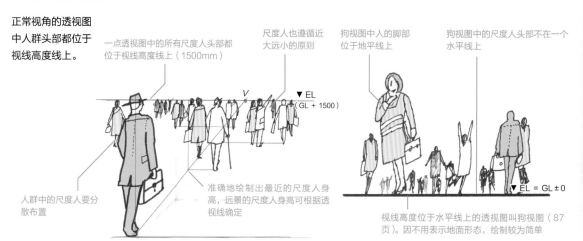

一点透视图中的所有尺度人头部都位于视线高度线上（1500mm）

尺度人也遵循近大远小的原则

狗视图中人的脚部位于地平线上

狗视图中的尺度人头部不在一个水平线上

V

▼ EL（GL + 1500）

▼ EL = GL ± 0

人群中的尺度人要分散布置

准确地绘制出最近的尺度人身高，远景的尺度人身高可根据透视线确定

视线高度位于水平线上的透视图叫狗视图（87 页）。因为不用表示地面形态，绘制较为简单

第 **6** 章

阴影的画法

6.1
阴影的标准画法

阴 影可以使透视图显得更加立体、真实，但是不符合自然规律的阴影又会使图面变得很怪。因此本节介绍阴影的正确绘制方法。阴影会因四季及时间的不同发生变化。让我们首先了解一下阴影的生成原理吧。

光线被遮挡形成阴影

光线被物体遮挡，物体背面就会形成阴影。让我们以平行投影图为例（37页）看看阴影是怎么形成的吧。

阴与影

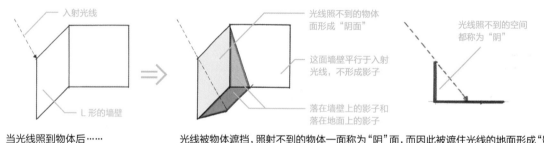

当光线照到物体后……

光线被物体遮挡，照射不到的物体一面称为"阴"面，而因此被遮住光线的地面形成"影"。

POINT

用灰度表现更加真实的阴影。如果地面的灰度为90%，那么侧墙灰度应为70%，而阴面墙可以设为30%。

利用平行投影图学习阴影的画法

四根支柱支撑的帐篷。 ⇒ 由上垂直向下照射的光线，阴影形成于帐篷正下方且与帐篷大小相同。 ⇒ 由左上角向右下角照射的光线，阴影形成于帐篷右下方，且支柱也会形成阴影。

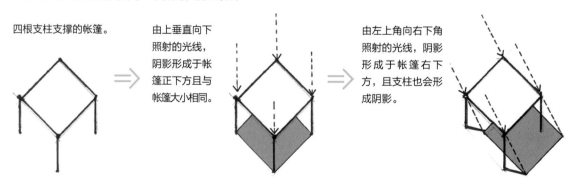

注：平行投影一般用于绘制分析图，因其不发生透视变形，可以准确地表示建筑构成与阴影的关系。

透视图中的阴影

透视图中的光线与阴影有着区别于透视图灭点的自己的灭点。

在一点透视图中绘制光影

一个完整的一点透视图一般具有三个独立的灭点：①建筑物等透视图主灭点 V_1；②地面阴影灭点 V_2；③太阳灭点 $V_3$❶。

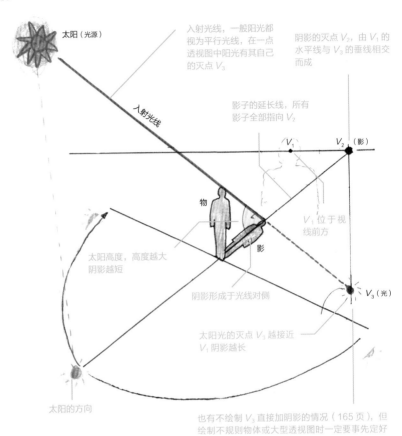

太阳（光源）

入射光线，一般阳光都视为平行光线，在一点透视图中阳光有其自己的灭点 V_3

阴影的灭点 V_2，由 V_1 的水平线与 V_3 的垂线相交而成

入射光线

影子的延长线，所有影子全部指向 V_2

V_1　　V_2（影）

V_1 位于视线前方

物

影

太阳高度，高度越大阴影越短

阴影形成于光线对侧

V_3（光）

太阳光的灭点 V_3 越接近 V_1 阴影越长

太阳的方向

也有不绘制 V_3 直接加阴影的情况（165 页），但绘制不规则物体或大型透视图时一定要事先定好 V_3 的位置

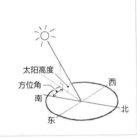

── POINT ──

影子根据太阳位置得到。真实的影子需要根据太阳高度和太阳方向确定，但画图时没有必要。

太阳高度
方位角
南
东
西
北

平行投影图与一点透视图的阴影画法比较

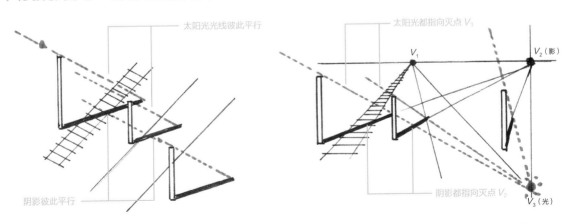

太阳光光线彼此平行

阴影彼此平行

太阳光都指向灭点 V_3

V_1　　V_2（影）

阴影都指向灭点 V_2

V_3（光）

平行投影图中的所有光线与阴影彼此平行。

一点透视图中阳光光线与形成的影子分别具有自己的灭点。

❶ 两点透视图中除了透视图的两个主灭点以外，还有阴影与光线共四个灭点（172 页）。

第 1 章　建筑基础知识

第 2 章　透视图的基础知识

第 3 章　建筑透视图

第 4 章　室内透视图

第 5 章　风景、街影的画法

第 6 章　阴影的画法

161

阴影由太阳高度与方向决定

太阳高度与方位角因季节与时辰的改变会发生变化。阴影也会随之变化。

太阳的运动

太阳东升西落，在正午时最高。

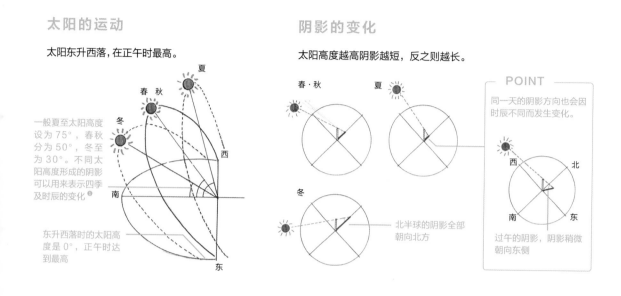

一般夏至太阳高度设为 75°，春秋分为 50°，冬至为 30°。不同太阳高度形成的阴影可以用来表示四季及时辰的变化❶

东升西落时的太阳高度是 0°，正午时达到最高

阴影的变化

太阳高度越高阴影越短，反之则越长。

春·秋　夏

冬

北半球的阴影全部朝向北方

POINT

同一天的阴影方向也会因时辰不同而发生变化。

过午的阴影，阴影稍微朝向东侧

顺光与逆光

顺光与逆光分别用于表达不同建筑特色。绘制透视图时如何选择光影的画法将极大地改变透视图效果。

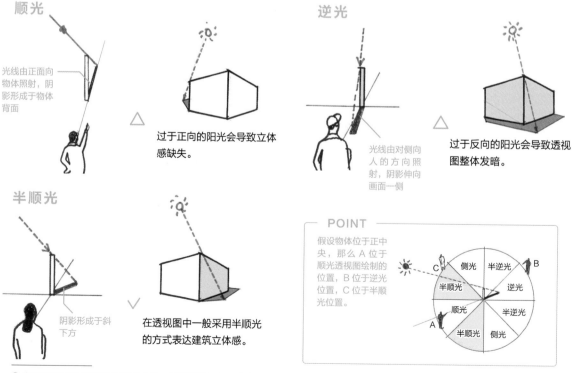

顺光

光线由正面向物体照射，阴影形成于物体背面

过于正向的阳光会导致立体感缺失。

逆光

光线由对侧向人的方向照射，阴影伸向画面一侧

过于反向的阳光会导致透视图整体发暗。

半顺光

阴影形成于斜下方

在透视图中一般采用半顺光的方式表达建筑立体感。

POINT

假设物体位于正中央，那么 A 位于顺光透视图绘制的位置，B 位于逆光位置，C 位于半顺光位置。

侧光　半逆光

半顺光　逆光

顺光　半逆光

半顺光　侧光

❶ 太阳高度会因为纬度不同而发生变化，但透视图中一般不会描绘得如此细致。

6.2
阴影的有效画法

本节介绍建筑物中常见的线（柱）、面（墙壁）、体（建筑物）的阴影画法。熟练掌握平行投影的阴影画法后可以尝试绘制一点透视图的阴影。本节中介绍实际绘制中比较有效率的阴影画法，我们会发现有时并不需要定位阳光的灭点，就可以画出自然的阴影。

平行投影图的阴影

绘制两根同高柱子的阴影。平行投影中阴影彼此平行，我们可以用半顺光的阴影表示立体感。

1 绘制一根柱子的影子。

2 在另一根柱子底端绘制阴影的平行线。

3 按比例绘制阴影长度。

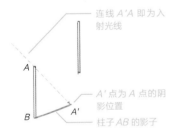

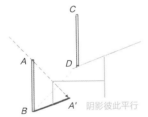

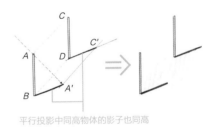

平行投影中同高物体的影子也同高

一点透视图中的阴影（ 同一根透视线上的两根同高柱子 ）

绘制同一透视线上的两根同高的柱子的阴影时，我们可以不定出阳光的灭点 V_3。

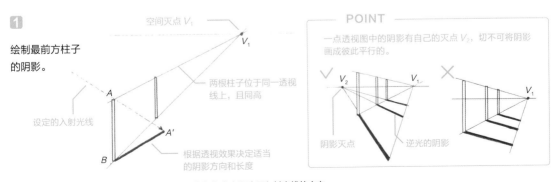

注：入射光线代表阳光照射的方向与高度，阴影长短与方向取决于入射光线的方向。

2

延长影子，并与V_1的水平线交于点V_2，V_2即为阴影的灭点。

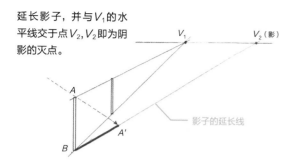

影子的延长线

3

由V_2向其他柱子底部连线。

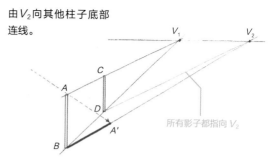

所有影子都指向V_2

4

连接点A'与V_1，与上一步的连线交于点C'。确定另一根柱子的阴影长度。

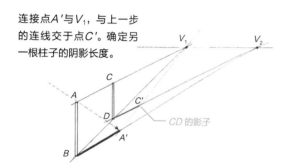

CD的影子

5

清除辅助线，完成。

一点透视图中阴影也有透视效果

两条阴影彼此不平行，同时指向灭点V_2

一点透视图中的阴影（不同高的柱子）

两根柱子不同高时，我们就需要定出阳光灭点的位置。

1

绘制左侧柱子的影子，连接$A'A$并延长得到入射光线。

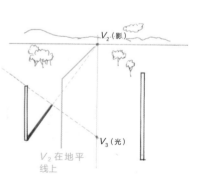

入射光线

AB的影子

一点透视图中地平线与视线高度线是一根线，灭点位于这根线上

2

延长影子，与视线高度线交于点V_2，延长入射光线，与阴影灭点V_2的垂线交于V_3。得到阴影与光线的灭点。

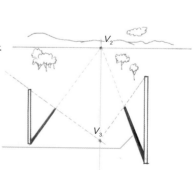

V_2在地平线上

3

连接DV_2与CV_3，相交于点C'。

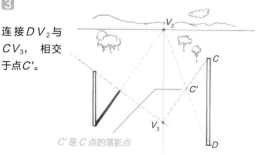

C'是C点的落影点

4

得到右侧柱子的阴影。

V_2决定阴影方向，V_3决定阴影长度

三种阴影的绘制方式

6.1 和 6.2 两节我们介绍了只定位阴影灭点的阴影画法，定位阳光灭点与阴影灭点的阴影画法，其实有时还会用到第三种方法：定位阴影灭点 V_2、阳光灭点 V_3 和墙壁灭点 V_4 绘制阴影的方法。绘制方法应根据想要表达的图面效果决定，但掌握了①～③的方法，基本可以绘制出所有物体的阴影❶，下文将展开介绍。

① **只定位阴影灭点的画法**

除了透视图灭点 V_1 之外，只定位阴影灭点就可以画出墙壁的阴影（167、169、175）。

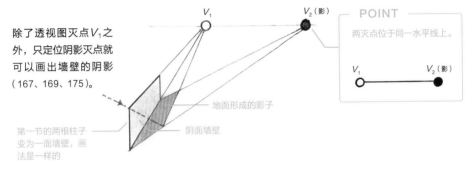

POINT
两灭点位于同一水平线上。

第一节的两根柱子变为一面墙壁，画法是一样的

地面形成的影子

阴面墙壁

② **定位阴影灭点与阳光灭点的画法**

比较传统的画法，需定位阳光的灭点与阴影的灭点（167、170、174、177、179、180）。

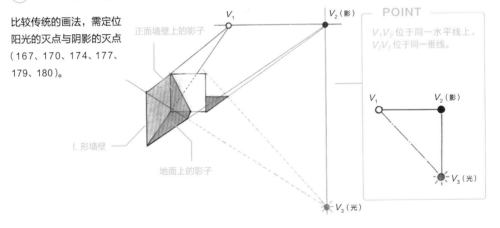

正面墙壁上的影子

L 形墙壁

地面上的影子

POINT
V_1V_2 位于同一水平线上，V_2V_3 位于同一垂线。

③ **定位阴影灭点、阳光灭点与墙壁灭点的画法**

这是一种绘制比较复杂的建筑物阴影时用到的方法。详见176页。

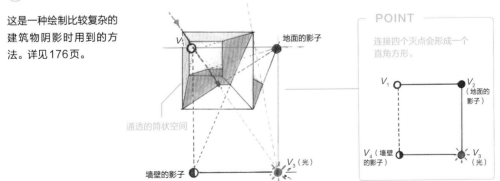

通透的筒状空间

墙壁的影子

地面的影子

POINT
连接四个灭点会形成一个直角方形。

V_4（墙壁的影子）

V_3（光）

---

❶ 方法①绘制的阴影也可以用方法②绘制（但比较浪费时间），反之则不行。

第1章 建筑基础知识

第2章 透视图的基础知识

第3章 建筑透视图

第4章 室内透视图

第5章 风景、街景的画法

第6章 阴影的画法

阴影的画法

6.3

墙面上的阴影

本节介绍光打在垂直墙壁后形成的影子的画法。在建筑透视图中合理的阴影可以加强图面的立体感。绘制阴影时不要追求速度，盲目地一笔生成。而应按照步骤寻找每一个正确的落影点，再将其相连。

平行投影图中的影子

下面让我们尝试绘制平行投影图中的两种墙壁的阴影吧。为了方便绘制，我们假设墙壁很薄。

基础（I形墙壁）

1

绘制墙壁最前边的影子。

2

由D点绘制BA'的平行线，由C点绘制入射光线的平行线。两线相交于点C'。

3

连接A'C'得到完整的影子轮廓。

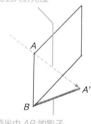

连接A'A并延长得到入射光线

半顺光中AB的影子

入射光线彼此平行

CD的影子

入射光线

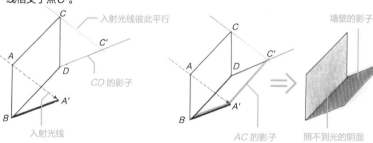

墙壁的影子

AC的影子

照不到光的阴面

升级版（L形墙壁）

1

绘制墙壁最前边的影子。

2

由A'点绘制AC的平行线，与另一侧墙相交于点D。

3

连接CD得到影子的轮廓。

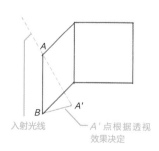

入射光线

A'点根据透视效果决定

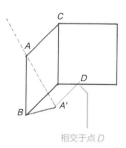

相交于点D

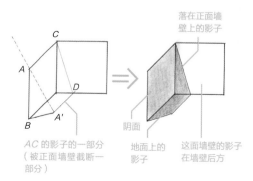

落在正面墙壁上的影子

阴面

地面上的影子

这面墙壁的影子在墙壁后方

AC的影子的一部分（被正面墙壁截断一部分）

一点透视图中的影子（I形墙壁）

墙面上下边都在透视线上时，绘制阴影不需要定位阳光的灭点 V_3（165 页的方法 ❶）。

1

绘制墙壁最前边
的影子。

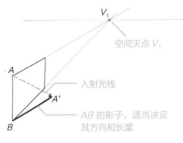

2

延长影子与 V_1
水平线交于影子
灭点 V_2。

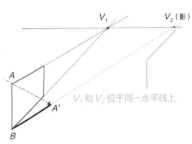

3

连接 DV_2，
确定 CD 的影
子方向。

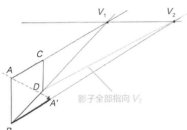

4

连接 $A'V_1$，与
DV_2 交于点 C'。

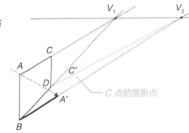

5

得到影子的轮廓。

6

绘制阴影，完成。

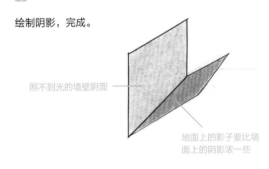

一点透视图中的影子（L形墙壁）

有的墙壁上下边不在透视线上时，需要先确定阳光的灭点 V_3 再绘制阴影。

1

绘制最前方墙壁
的前边的影子。
并连接 $A'A$ 得到
入射光线。

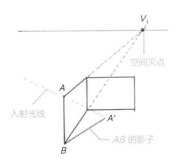

2

延长影子，与 V_1
的水平线交于阴影
灭点 V_2。延长入射
光线与 V_2 的垂线
交于阳光灭点 V_3。

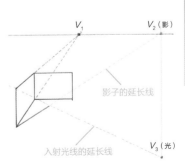

❶ 用 165 页需定位阳光灭点的方法②绘制阴影效果是一样的，方法①更简单。

3

连接 CV_3 与 DV_2，相交于点C'，得到 CD 的影子。

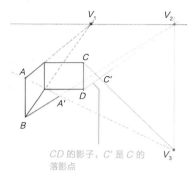

CD 的影子，C' 是 C 的落影点

4

连接 $A'V_1$，与正面墙壁交于点F，得到被截断的AE 影 子（$A'F+FE$）。

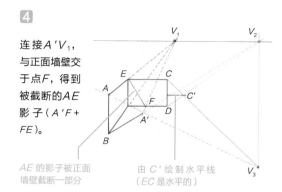

AE 的影子被正面墙壁截断一部分

由 C' 绘制水平线（EC 是水平的）

5

得到影子的轮廓。

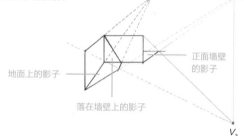

地面上的影子

落在墙壁上的影子

正面墙壁的影子

6

绘制阴影，完成。

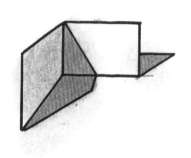

影子的绘制方法总结

在 163 页我们也介绍过，绘制透视图阴影时，先定出的是阴影的方向与长短，而非阳光和入射光线的位置。先定出阳光和入射光线再绘制阴影不能直观地感受到阴影的形状，因此比较难表现出透视图的立体感。但是先定出阴影时也要符合自然规律，过低或过高的太阳位置都很奇怪，另外，北半球建筑的阴影一定要向北绘制。阴影的方向也应与时辰相对应，落日景色中绘制朝西的影子就会破坏平衡感。

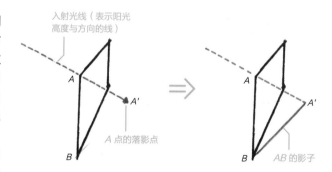

入射光线（表示阳光高度与方向的线）

A 点的落影点

AB 的影子

连接入射光线与地面的交点A'与B得到AB的影子。

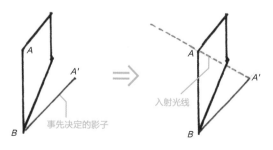

事先决定的影子

入射光线

连接事先决定的影子端点A'与A点得到入射光线。

COLUMN

第 1 章 建筑基础知识

第 2 章 透视图的基础知识

第 3 章 建筑透视图

第 4 章 室内透视图

第 5 章 风景·街景的画法

第 6 章 阴影的画法

6.4
箱形物体的阴影

建筑物大多以箱形出现在我们的生活中。本节介绍平行投影图、一点透视图和两点透视图中箱形物体的阴影画法。两点透视图中除了两个空间灭点之外还有阳光灭点与阴影的灭点一共四个灭点。

平行投影图中的阴影

平行投影图中入射光线彼此平行，让我们尝试绘制平行投影图中箱形物体的阴影吧。

1

设定一条边的影子。

2

由点 C 绘制 BA' 的平行线。

3

由 A' 绘制 AD 的平行线与上一步的线相交于点 D'。

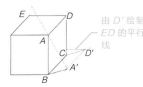

由 D' 绘制 ED 的平行线

4

涂黑阴面与影子，完成。

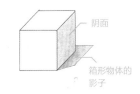

阴面

箱形物体的影子

一点透视图中的阴影（半顺光）

箱形物体的边在透视线上时，不需要定出阳光的灭点 V_3 就可以画出阴影。

1

设定 AB 的阴影 BA'。

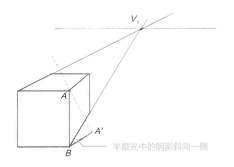

半顺光中的阴影斜向一侧

2

延长阴影与 V_1 水平线交于阴影灭点。

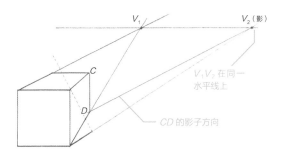

V_1V_2 在同一水平线上

CD 的影子方向

连接 $A'V_1$ 确定 CD 影子的长度。

得到影子的轮廓。

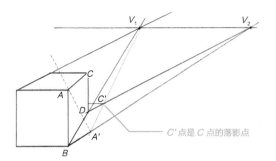

C' 点是 C 点的落影点

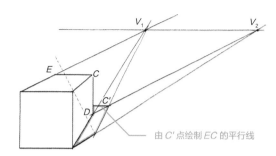

由 C' 点绘制 EC 的平行线

绘制阴面，完成。

光线照不到的
阴面

落在地面上的影子

POINT

绘制复杂的建筑体时，可以分部分画阴影，先画整体的阴影再画细节的阴影。

一点透视图中的阴影（半逆光）

绘制半逆光时，一般先定位出阳光灭点 V_3 再绘制阴影。

画出 AB 边的影子 BA'。

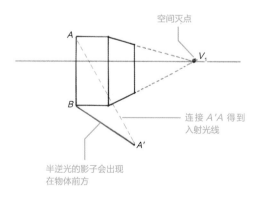

空间灭点

连接 $A'A$ 得到
入射光线

半逆光的影子会出现
在物体前方

延长影子与 V_1 水平线交于阴影灭点 V_2，延长入射光线
与 V_2 垂线交于阳光灭点 V_3。

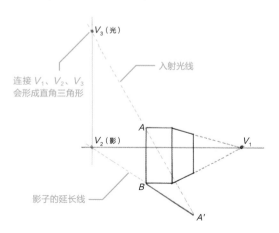

V_3（光）

入射光线

连接 V_1、V_2、V_3
会形成直角三角形

V_2（影）

V_1

影子的延长线

3

由阳光灭点和阴影灭点得到 CD、EF 的影子。

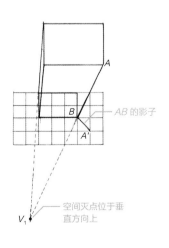

E 点的落影点

所有影子都指向 V_2

4

得到影子的轮廓。

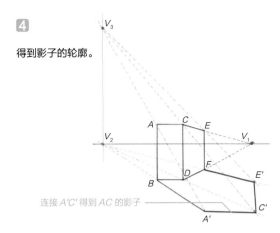

连接 A'C' 得到 AC 的影子

5

涂黑影子与阴面，
完成。

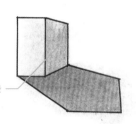

阴面的阴影一般比影子要淡一些

第 1 章　建筑基础知识

第 2 章　透视图的基础知识

第 3 章　建筑透视图

第 4 章　室内透视图

第 5 章　风景·街景的画法

第 6 章　阴影的画法

一点透视图中的阴影（灭点在垂直方向上）

俯视一点透视图中影子没有自己的灭点。我们可以先定位出阳光灭点 V_3 的位置再绘制影子。

1

绘制 AB 的影子 A'B。

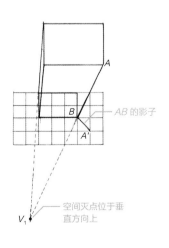

AB 的影子

空间灭点位于垂
直方向上

V_1

2

由 V_1 绘制影子的平行线，连接 AA' 并延长与平行线相交于阳光灭点 V_3。

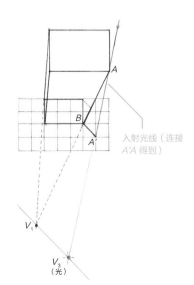

入射光线（连接 A'A 得到）

V_1

V_3
（光）

3

绘制 CD、EF 的影子，从 D、F 分别绘制 BA' 的平行线。

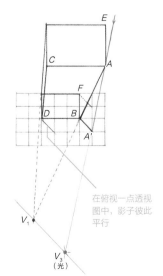

在俯视一点透视图中，影子彼此平行

V_1

V_3
（光）

171

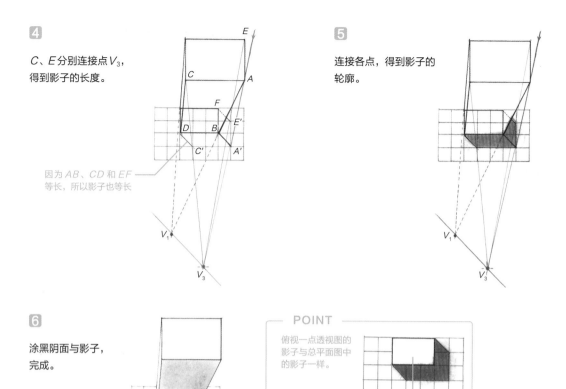

4

C、E 分别连接点 V_3，
得到影子的长度。

因为 AB、CD 和 EF
等长，所以影子也等长

5

连接各点，得到影子的
轮廓。

6

涂黑阴面与影子，
完成。

┌─ **POINT** ─────────────

俯视一点透视图的
影子与总平面图中
的影子一样。

影子的长度表示楼层的高
度。从这个影子可以看出建
筑是平屋顶

两点透视图中的阴影

　　下面介绍两点透视图中的阴影画法，与一点透视图相同，一般绘制阴影时先定出阴影灭点 V_2 与
阳光灭点 V_3 的位置。但下面这个案例因为形体简单所以只需定出 V_2 的位置即可。

1

绘制 AB 的影子 $A'B$。

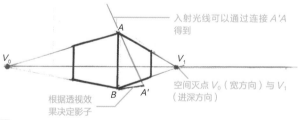

入射光线可以通过连接 $A'A$
得到

根据透视效
果决定影子

空间灭点 V_0（宽方向）与 V_1
（进深方向）

2

延长影子，与 V_0V_1 的水平线相交于阴影灭点 V_2。连接 DV_2 与 $A'V_1$
得到 CD 的影子。

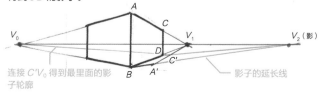

连接 $C'V_0$ 得到最里面的影
子轮廓

影子的延长线

3

涂黑阴面与影子，完成。

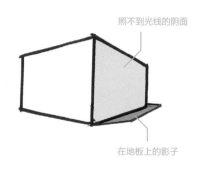

照不到光线的阴面

在地板上的影子

第1章 建筑基础知识

第2章 透视图的基础知识

第3章 建筑透视图

第4章 室内透视图

第5章 风景·街景的画法

第6章 阴影的画法

阴影的画法

6.5
中空物体的阴影

层架空、通透中庭或内部设有阳台的建筑十分常见，那么这些表面开洞的建筑物的阴影要怎么绘制呢？本节我们将以中空物体的阴影画法为例，介绍这一类建筑物的阴影画法。

平行投影图中的阴影

首先让我们来绘制半顺光下的中空物体的阴影吧。

1

绘制 *AB* 的影子 *BA'*。

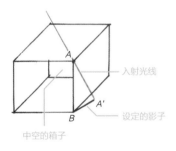

2

由点 *D*、*F* 绘制影子的平行线，并由点 *C*、*E* 绘制入射光线的平行线得到 *CD*、*EF* 的影子。

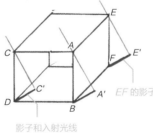

3

涂黑阴影，完成。

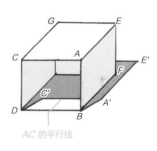

┌─ POINT ─
中空物体阴影画法。

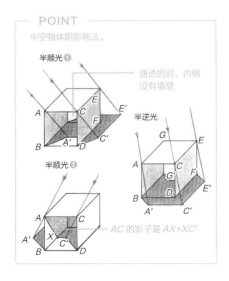

└─ POINT ─
建筑物立面多凸凹，这种凸凹的阴影画法也可以参考中空物体的阴影画法。

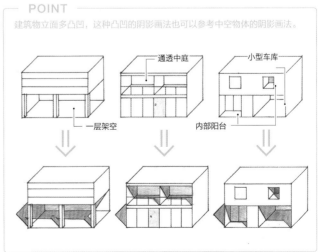

一点透视图中的阴影（半顺光）

这次我们来尝试绘制半顺光下的物体在一点透视图中的阴影吧。

1

绘制 *AB* 的影子 *BA'*。

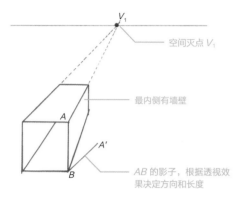

空间灭点 V_1

最内侧有墙壁

AB 的影子，根据透视效果决定方向和长度

2

延长影子，与 V_1 的水平线交于阴影灭点 V_2，延长入射光线 *AA'*，与 V_2 的垂线交于阳光灭点 V_3。

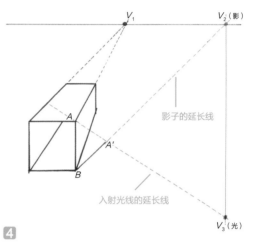

V_2（影）

影子的延长线

入射光线的延长线

V_3（光）

3

C、*E* 连接点 V_3，*F*、*D* 连接点 V_2，得到 *EF* 与 *CD* 的影子 *FE'*、*DC'*。

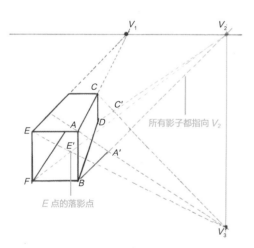

所有影子都指向 V_2

E 点的落影点

4

得到影子的轮廓。

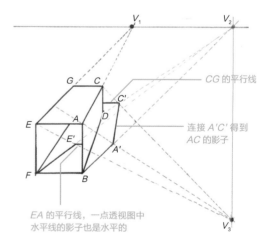

CG 的平行线

连接 *A'C'* 得到 *AC* 的影子

EA 的平行线，一点透视图中水平线的影子也是水平的

5

涂黑，完成。

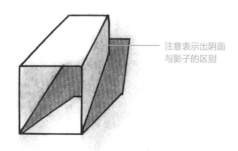

注意表示出阴面与影子的区别

让我们来尝试绘制半逆光下的中空物体的阴影吧。

1⃣

绘制AB的影子BA'，并标出入射光线。

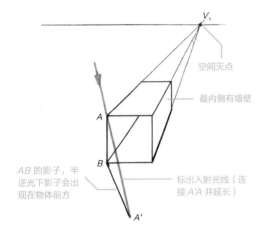

空间灭点

最内侧有墙壁

AB 的影子，半逆光下影子会出现在物体前方

标出入射光线（连接A'A 并延长）

2⃣

延长影子，与V₁的水平线交于阴影灭点V₂。

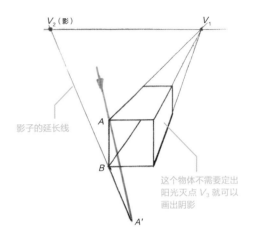

V_2（影）

影子的延长线

这个物体不需要定出阳光灭点V_3就可以画出阴影

3⃣

由V_2向D、F连线并延长，标出CD、EF的影子方向。

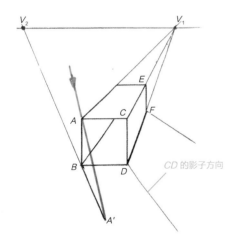

CD 的影子方向

4⃣

由点A'作AC的平行线，得到CD的影子DC'，由C'向V_1连线得到EF的影子FE'。

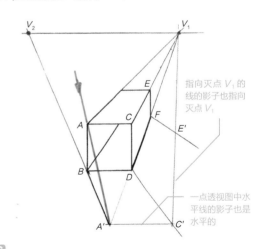

指向灭点 V_1 的线的影子也指向灭点V_1

一点透视图中水平线的影子也是水平的

5⃣

得到影子的轮廓。

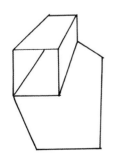

6⃣

涂黑，完成。

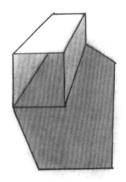

第1章 建筑基础知识

第2章 透视图的基础知识

第3章 建筑透视图

第4章 室内透视图

第5章 风景、街景的画法

第6章 阴影的画法

有时我们不得不定出墙壁阴影的灭点才能绘制完整的阴影（165 页的方法③）。

1

绘制 AB 的影子，并标出入射光线。

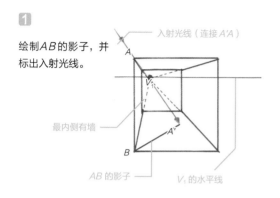

入射光线（连接 $A'A$）

A

V_1

最内侧有墙

B

AB 的影子

V_1 的水平线

A'

2

延长影子，与水平线交于阴影灭点 V_2，延长入射光线，与 V_2 垂线交于阳光灭点 V_3。

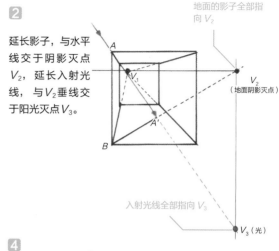

地面的影子全部指向 V_2

A

V_1

B

A'

V_2
（地面阴影灭点）

入射光线全部指向 V_3

V_3（光）

3

由 V_1 作垂线，与 V_3 的水平线交于墙壁阴影灭点 V_4。

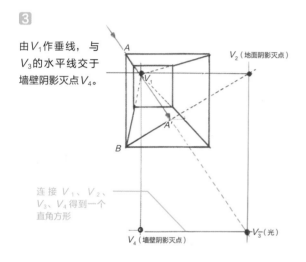

连接 V_1、V_2、V_3、V_4 得到一个直角方形

A

V_1

B

A'

V_2（地面阴影灭点）

V_4（墙壁阴影灭点）

V_3（光）

4

连接 CV_4 得到点 E，$A'E$ 与 EC 即为 AC 的影子。

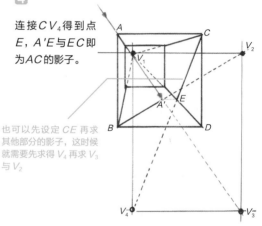

A

C

V_1

B

A'

E

D

V_2

也可以先设定 CE 再求其他部分的影子，这时候就需要先求得 V_4 再求 V_3 与 V_2

V_4

V_3

5

依次求出其他部分的影子。

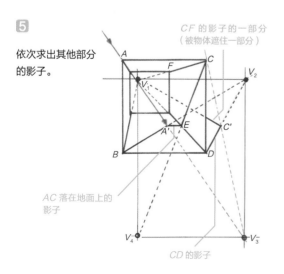

CF 的影子的一部分（被物体遮住一部分）

A

F

C

V_1

V_2

B

A'

E

C'

D

AC 落在地面上的影子

V_4

V_3

CD 的影子

6

涂黑，完成。

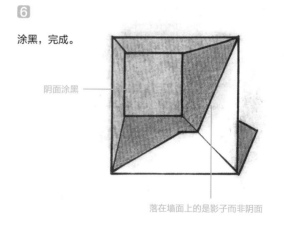

阴面涂黑

落在墙面上的是影子而非阴面

注：其实本页的模型不求出 V_4 也能绘制阴影。

6.6

倾斜物体的阴影

有 些方形建筑的屋顶是倾斜样式的，如悬山顶建筑和混凝土建筑就常用倾斜屋面[1]。本节将专门介绍这一类建筑的阴影画法。

第1章 建筑基础知识

第2章 透视图的基础知识

第3章 建筑透视图

第4章 室内透视图

第5章 风景·街影的画法

第6章 阴影的画法

平行投影图中的阴影

让我们来尝试绘制平行投影图中的悬山顶建筑的阴影吧。

1 画出AB的影子，并由点C作垂线。

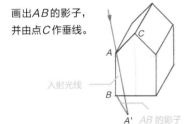

入射光线

A' AB的影子

2 依次作出CD、EF的影子。

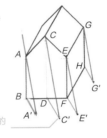

C'点是C点的落影点

3 绘制阴影，上色完成。

半逆光下悬山屋顶建筑的阴影

一点透视图中的阴影（进深方向灭点）

下面是进深方向灭点的建筑透视画法，一点透视图中的阴影也采用同样的方法，借由转折处的影子画出完整的折面的影子。

1 画出AB的影子并找到阴影灭点V_2与阳光灭点V_3。

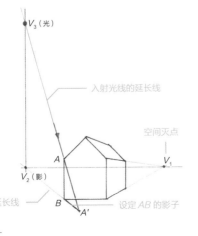

V_3（光）

入射光线的延长线

空间灭点

V_1

V_2（影）

影子的延长线

设定AB的影子

2 由C点作垂线与底边交于点D。根据V_2依次得到CD、EF与GH影子的方向。

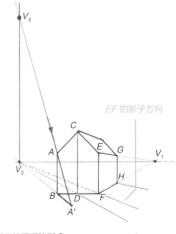

V_3

EF的影子方向

V_1

V_2

---

[1] 日本法律规定坡屋顶的高度限制点位于坡屋顶的中线上，因此很多地区为了增加使用面积，建筑采用坡屋顶的形式。

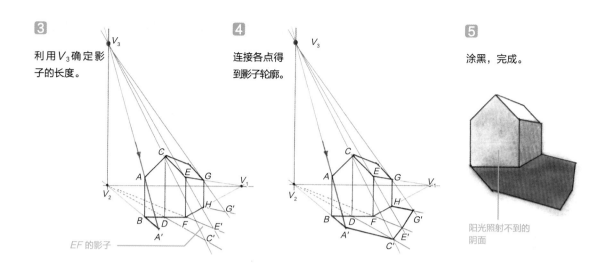

3

利用 V_3 确定影子的长度。

EF 的影子

4

连接各点得到影子轮廓。

5

涂黑，完成。

阳光照射不到的阴面

一点透视图中的阴影（垂直方向灭点）

下面介绍垂直方向灭点的俯视一点透视图的倾斜屋顶造型建筑的阴影画法。因为是俯视图所以没有阴影的灭点 V_2。

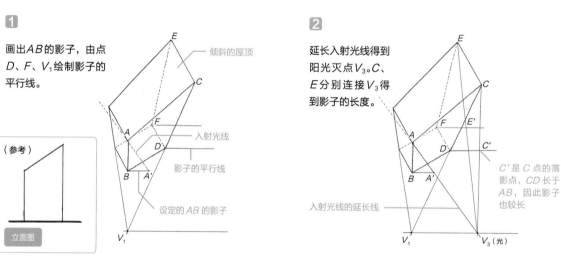

1

画出 *AB* 的影子，由点 *D*、*F*、V_1 绘制影子的平行线。

（参考）

立面图

倾斜的屋顶

入射光线

影子的平行线

设定的 *AB* 的影子

2

延长入射光线得到阳光灭点 V_3。*C*、*E* 分别连接 V_3 得到影子的长度。

入射光线的延长线

V_3（光）

C′ 是 *C* 点的落影点，*CD* 长于 *AB*，因此影子也较长

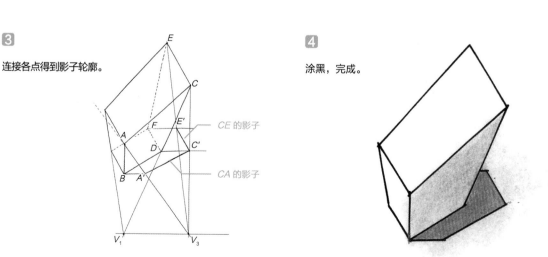

3

连接各点得到影子轮廓。

CE 的影子

CA 的影子

4

涂黑，完成。

6.7
复杂建筑的阴影

形体复杂的建筑需要绘制阴影的部位也会相应增加，即使再简单的建筑也会有开窗和开门。只要按照前几节介绍的步骤一步一步耐心地绘制，我们就会发现其实再复杂的阴影画起来也不难。

第1章 建筑基础知识

第2章 透视图的基础知识

第3章 建筑透视图

第4章 室内透视图

第5章 风景、街影的画法

第6章 阴影的画法

在建筑外观透视图中加入阴影

下面是一张街角的透视图，透视图中有两栋方形建筑，让我们在其中加入阴影吧。

1

首先简化一点透视图中的形体。

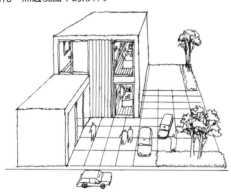 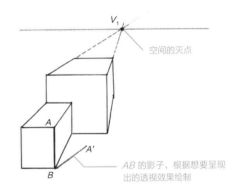

空间的灭点

AB 的影子，根据想要呈现出的透视效果绘制

2

求得阴影灭点 V_2 并作垂线。

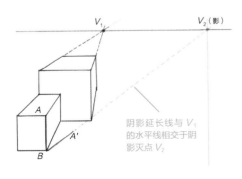

阴影延长线与 V_1 的水平线相交于阴影灭点 V_2

3

得到阳光灭点 V_3，并连接建筑出现影子一侧的各下角与 V_2，得到影子方向。

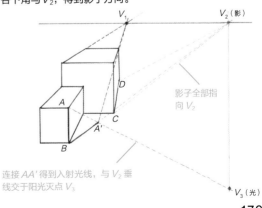

影子全部指向 V_2

连接 AA' 得到入射光线，与 V_2 垂线交于阳光灭点 V_3

4

连接建筑物出现影子一侧的各上角与 V_3 确定影子的长度。

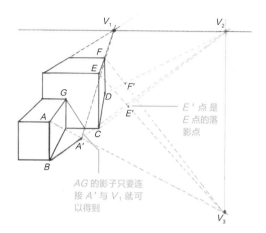

E' 点是 E 点的落影点

AG 的影子只要连接 A' 与 V_1 就可以得到

5

连接各点得到影子的轮廓。

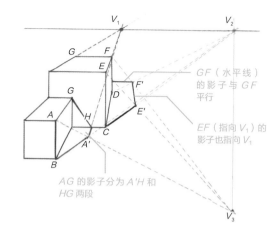

GF（水平线）的影子与 GF 平行

EF（指向 V_1）的影子也指向 V_1

AG 的影子分为 A'H 和 HG 两段

6

将影子复制到透视图中，得到更加立体的透视图效果。

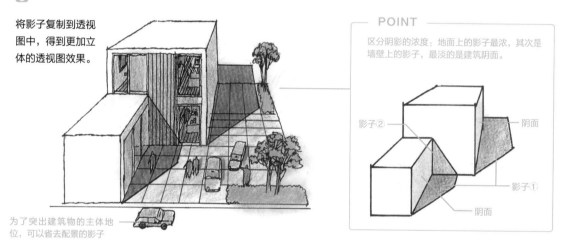

为了突出建筑物的主体地位，可以省去配景的影子

POINT

区分阴影的浓度：地面上的影子最浓，其次是墙壁上的影子，最淡的是建筑阴面。

影子②

阴面

影子①

阴面

在建筑外观透视图中加入阴影

这里介绍有矮墙、阳台、底层架空等复杂建筑（一点透视图）的阴影画法。

1

将建筑物简化，并画出最近端墙壁一侧的影子。

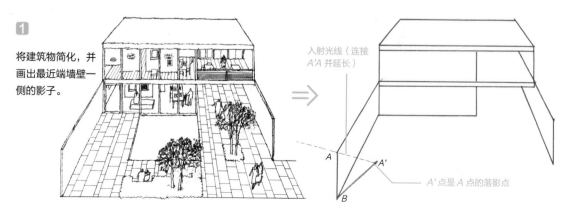

入射光线（连接 A'A 并延长）

A' 点是 A 点的落影点

2

求得阴影灭点 V_2 与阳光灭点 V_3 的位置。

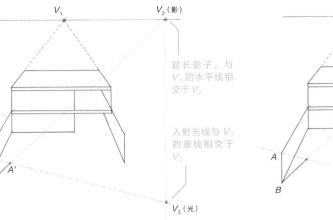

延长影子，与 V_1 的水平线相交于 V_2

入射光线与 V_2 的垂线相交于 V_3

3

连接出现影子的建筑部位下端与 V_2，得到影子的方向。

所有指向 V_2 的线都表示阴影延伸的方向

4

连接出现影子部位的建筑部位上端与 V_3，得到影子的长度。

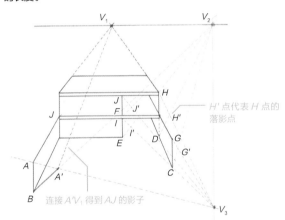

H' 点代表 H 点的落影点

连接 $A'V_1$ 得到 AJ 的影子

5

得到影子的轮廓。

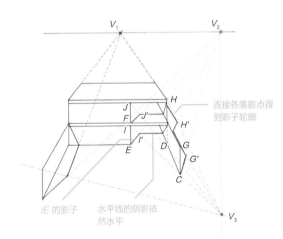

连接各落影点得到影子轮廓

IE 的影子

水平线的阴影依然水平

6

将阴影复制到透视图中，完成。可以发现加了阴影之后透视图立体效果更明显。

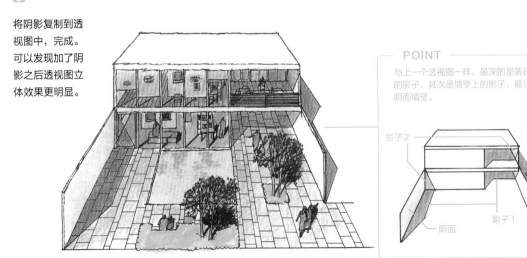

POINT

与上一个透视图一样，最深的是落在地上的影子，其次是墙壁上的影子，最浅的是阴面墙壁。

影子-2

影子1

影子1'

阴面

第1章 建筑基础知识

第2章 透视图的基础知识

第3章 建筑透视图

第4章 室内透视图

第5章 风景、街景的画法

第6章 阴影的画法

快速绘制俯视街景的方法

　　这一部分属于番外篇。将第三章介绍的建筑俯视模型拿来几栋，并围绕灭点排列就可以迅速得到一张俯视高楼片区的透视图。

1

准备一张街区地图并确定灭点的位置。

2

复制几栋画好的高层俯视一点透视图，并保留原有的灭点。

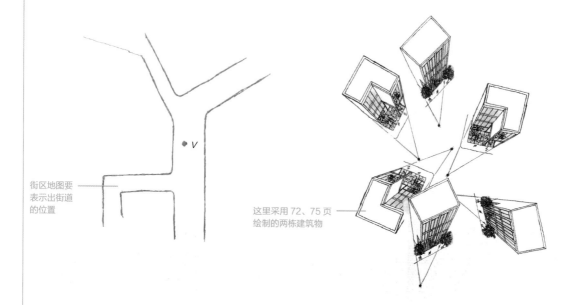

街区地图要
表示出街道
的位置

这里采用 72、75 页
绘制的两栋建筑物

3

将各建筑物的灭点与街道上的灭点对齐。

4

调整建筑物朝向，使建筑物与街道相协调。

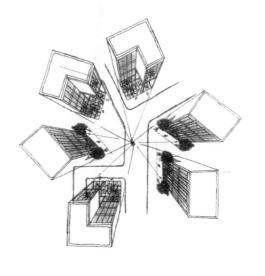

5

绘制街景细节与配景，清除辅助线，完成。

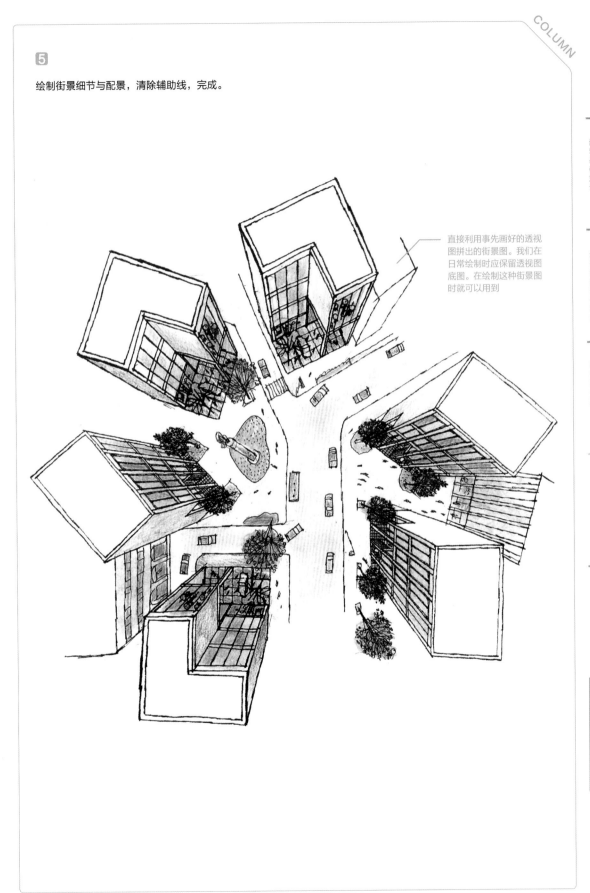

直接利用事先画好的透视
图拼出的街景图。我们在
日常绘制时应保留透视图
底图。在绘制这种街景图
时就可以用到

作者简介

中山繁信

1942年生人。

毕业于日本一流的私立大学法政大学，获工学研究科建设工学硕士。

曾就职于宫胁檀建筑研究室、工学院大学伊藤真次研究室，并历任法政大学建筑学特约讲师、日本大学建筑学特约讲师、工学院大学建筑学教授。

现任TESS计划研究所主持建筑师。

著有多部建筑手绘解剖书著作，因其建筑画具有漫画一般的生动和表现力，受到日本国内学生及设计师们的欢迎，著作常销经久不衰。